今度こそわかる

ガロア理論

芳沢光雄

GALOIS THEORY

MITSUO YOSHIZAWA

まえがき

ガロア（1811–1832）に対する憧れから数学を本格的に学ぶようになったこともあり，ガロア理論から置換群論や組合せ論を学ぶことは自然の流れであった．1990年代半ばから，「ゆとり教育」の見直しや「記述式数学問題」の意義を訴えたり，出前授業や教員研修会での講演を引き受けたりする数学教育活動を積極的に展開してきたが，心のどこかでは「ガロア理論」の書を執筆してみたいという夢をもち続けていた．

何年か前に本書編集担当の慶山篤さんとお話したとき，そのような経緯もあって本書の企画を了解していただいた．しかし，本書の執筆には思いのほか時間を要することも確かで，なかなか取り掛かることができなかった．

偶然にも2016年の新年早々に，転機が訪れた．本務校リベラルアーツ学群数学専攻で学ぶ当時3年生の鎌田卓，坂栄美子，坪内裕希の3人から，「ガロア理論を本気で学びたいのですが，本学では相当する授業は開講されていません．そこで，分かり易いガロア理論の本を先生に是非書いてもらいたいです」と懇願され，その情熱に背中を押されて本書の執筆を始めたのである．

前後して学生諸君の前向きな要望や編集者からの貴重な助言をお伺いして，下記に列挙する明確な方針を定めた．

① 線形代数学や微分積分学以外の予備知識は一切仮定しないで，とくに説明が丁寧な数学書として完成させること．

② ガロアの基本定理や方程式の可解性を述べる定理まで，論理的に一歩ずつきちんと組み立てること．

③ 群論のシローの定理や可解群の説明はしっかり述べる一方で，ガロア理論を理解する上で直接には関係しない周辺の代数学の内容まで

は，あまり深入りしないこと．

④　多くの数学的読み物に書かれている3次方程式のカルダノの方法や4次方程式のフェラリの方法は取り上げないが，その一方で代数的に解けない方程式の例は，証明を付けて積極的に紹介すること．

本書は，以上の4つのコンセプトをもって執筆し，完成したものである．最終段階では，諏訪東京理科大学の飯田洋市，北海学園大学の速水孝夫の両氏に原稿のチェックをしていただき，いくつもの有益なアドバイスをいただいた．

そのように，本書は上記6人の皆様の身に余る心遣いがあって完成したものであり，ここに心から感謝の意を表す次第である．

2018年4月

芳沢光雄

目次　今度こそわかるガロア理論

第1章

基礎的準備

CHAPTER 01

1.1 記法

本節では，集合と論理などに関する基礎的な記法についてまとめて述べる．

a が集合 A の元（要素）であるとき，

$$a \in A \quad \text{または} \quad A \ni a$$

と書く．また，a が集合 A の元でないとき，

$$a \notin A \quad \text{または} \quad A \not\ni a$$

と書く．集合 B が集合 A の部分集合であるとき，

$$B \subseteq A \quad \text{または} \quad A \supseteq B$$

と書く．とくに，B が A の真部分集合であるとき，すなわち

$$B \subseteq A \quad \text{かつ} \quad B \neq A$$

であるとき，本書では

$$B \subsetneq A \quad \text{または} \quad A \supsetneq B$$

と書くことにする．集合に関する記述は，書物によって異なる場合があるので注意されたい．

p, q を命題とするとき，「$p \Rightarrow q$」は「p ならば q（p は q であるための十分条件，q は p であるための必要条件）」の意味であり，「$p \Leftrightarrow q$」は「p は q であるための必要十分条件（p と q は同値）」の意味である．

元 $a_1, a_2, \cdots, a_n$ からなる集合を

$$\{a_1, a_2, \cdots, a_n\}$$

と書くこと，条件「…」を満たす（集合 M の）元全体の集合を

$\{a \mid \cdots\}$ $(\{a \in M \mid \cdots\})$

と書くことは，大多数の書と同じである．

集合 A の元の個数を $|A|$ で表し，空集合（1 つも元をもたない集合）は ϕ で表す．したがって，A が無限集合のとき $|A|=\infty$ であり，A が空集合のとき $|A|=0$ である．（なお本書では，集合の濃度は扱わない．）

よく使われる自然数全体の集合，整数全体の集合，有理数全体の集合，実数全体の集合，複素数全体の集合は順に，

$$\boldsymbol{N},\ \boldsymbol{Z},\ \boldsymbol{Q},\ \boldsymbol{R},\ \boldsymbol{C}$$

で表す．

集合 $M_1, M_2, \cdots, M_n$ の和集合および共通集合をそれぞれ

$$\bigcup_{i=1}^{n} M_i = M_1 \cup M_2 \cdots \cup M_n, \quad \bigcap_{i=1}^{n} M_i = M_1 \cap M_2 \cdots \cap M_n$$

で表す．

なお，U をある全体集合とし，すべての自然数 n についてその部分集合 S_n をとるとき，それらの和集合と共通集合はそれぞれ

$$\bigcup_{n=1}^{\infty} S_n, \quad \bigcap_{n=1}^{\infty} S_n$$

と表すことができる．しかし，すべての実数 x についてその部分集合 T_x をとるとき，それらの和集合と共通集合は上記とは異なって，それぞれ

$$\bigcup_{x \in \boldsymbol{R}} T_x, \quad \bigcap_{x \in \boldsymbol{R}} T_x$$

というように表すことになる．

本節の最後に，2 つの自然数 a, b の最大公約数を本書では (a, b) で表す．

1.2 集合と写像

本節では，集合と写像に関する基礎的な性質についてまとめて述べる．

$A_1, A_2, \cdots, A_n$ が集合であるとき，$A_1, A_2, \cdots A_n$ それぞれの元 $a_1, a_2, \cdots, a_n$ $(a_i \in A_i)$ の組 $(a_1, a_2, \cdots, a_n)$ 全体の集合

$$\{(a_1, a_2, \cdots, a_n) \mid a_i \in A_i (i=1, 2, \cdots, n)\}$$

を，$A_1, A_2, \cdots, A_n$ の直積（集合）といい，

$$A_1 \times A_2 \times \cdots \times A_n \quad \text{または} \quad \prod_{i=1}^{n} A_i$$

で表す．

とくにすべての A_i が有限集合，すなわち $|A_i| < \infty$ $(i=1, 2, \cdots, n)$ のときは，

$$|A_1 \times A_2 \times \cdots \times A_n| = |A_1| \times |A_2| \times \cdots \times |A_n|$$

が成り立つ．

2次元の座標平面上の点全体，および3次元の座標空間上の点全体は，それぞれ

$$\boldsymbol{R} \times \boldsymbol{R}, \quad \boldsymbol{R} \times \boldsymbol{R} \times \boldsymbol{R}$$

と表すことができる．

集合 A, B に対し，A の元であって B の元でないもの全体からなる集合を $A-B$ で表し，A から B を引いた差集合という．たとえば，

$$\boldsymbol{R} - \boldsymbol{Q} = \text{無理数全体からなる集合}$$

である．

X, Y を集合とし，集合 X の各元をそれぞれ集合 Y の1つの元に対応させるとき，その対応を X から Y（の中）への写像という．いま，X から Y への写像 f があるとき，それを

$$f: X \to Y$$

と表す．さらに，X の元 a が Y の元 b に対応しているとき，b を f による a の像といい，

$$b=f(a)$$

と書く．X, Yをそれぞれfの定義域，終域といい，Yの部分集合

$$\{f(x) \mid x \in X\}$$

をfの値域といい，$\mathrm{Im} f$で表す．

また，Yの元bに対し，Xの部分集合

$$\{x \in X \mid f(x)=b\}$$

を，fによるbの逆像といい，$f^{-1}(b)$で表す．

像と逆像に関しては，それぞれ以下のように拡張する．Xの部分集合Aに対し，

$$\{f(x) \mid x \in A\}$$

をfによるAの像といい，$f(A)$で表す．また，Yの部分集合Bに対し，

$$\{x \in X \mid f(x) \in B\}$$

というXの部分集合をfによるBの逆像といい，$f^{-1}(B)$で表す．明らかに，Xの元aとYの元bに対し，

$$\{f(a)\}=f(\{a\}), \quad f^{-1}(b)=f^{-1}(\{b\})$$

である．

次に，集合A, B, Cと写像

$$f: A \to B, \quad g: B \to C$$

が与えられているとき，Aの各元xに対して$g(f(x))$を対応させるAからCへの写像をfとgの合成写像，あるいは単にfとgの合成といい，$g \circ f$で表す．

集合A, B, C, Dと写像

$$f: A \to B, \quad g: B \to C, \quad h: C \to D$$

が与えられているとき，結合法則

$$(h \circ g) \circ f = h \circ (g \circ f) \qquad \cdots\cdots(*)$$

が成り立つ．実際，A の各元 x に対して，

$$((h \circ g) \circ f)(x) = (h \circ g)(f(x)) = h(g(f(x)))$$
$$(h \circ (g \circ f))(x) = h((g \circ f)(x)) = h(g(f(x)))$$

となる．それをふまえて（$*$）の形の合成写像を

$$h \circ g \circ f$$

と表すこともある．

集合 X から集合 Y への写像 f について，f の値域が Y と一致するとき，f を X から Y への全射，あるいは X から Y の上への写像という．

関数 $y=x^2$ は，$\boldsymbol{R}$ から $\{x \in \boldsymbol{R} \mid x \geq 0\}$ への全射であるが，$\boldsymbol{R}$ から $\boldsymbol{R}$ への全射ではない．

集合 X から集合 Y への写像 f について，X の異なる元 a, b の像 $f(a)$，$f(b)$ が必ず異なるとき，f を X から Y への単射，あるいは X から Y への1対1の写像という．

関数 $y=2x$ は，$\boldsymbol{Z}$ から $\boldsymbol{Z}$ への単射であるが，$\boldsymbol{Z}$ から $\boldsymbol{Z}$ への全射ではない．また，関数 $y=x^2$ は，$\boldsymbol{R}$ から $\{x \in \boldsymbol{R} \mid x \geq 0\}$ への単射ではないが，$\{x \in \boldsymbol{R} \mid x \geq 0\}$ から $\boldsymbol{R}$ への単射である．

集合 X から集合 Y への写像 f について，f が全射かつ単射であるとき，f を X から Y への全単射，あるいは X から Y の上への1対1の写像という．

とくに，有限集合 A に対し，集合 A から集合 $\{1, 2, 3, \cdots, n\}$ への全単射が存在することは，$|A| = n$ であるための必要十分条件である．

関数 $y = \tan x$ は，$\left\{x \in \boldsymbol{R} \;\middle|\; -\dfrac{\pi}{2} < x < \dfrac{\pi}{2}\right\}$ から $\boldsymbol{R}$ への全単射である．

集合 X から集合 Y への全単射 f に関し，Y の各元 y に対して $f^{-1}(y)$ は

ただ1つの元からなる集合である．すなわち，

$$f(x)=y$$

となる元xがただ1つ存在するので，そのような対応によって，Yの各元yに対してXの元xを対応させることにより，YからXへの全単射gが定まる．このgをfの逆写像といい，f^{-1}で表す．明らかに

$$(f^{-1})^{-1}=f,$$

すなわち逆写像の逆写像は元の写像になる．また，fが集合AからBへの全単射で，gが集合BからCへの全単射のとき，合成写像$g \circ f$は集合AからCへの全単射である．

集合XからYへの全単射のうち，とくに$X=Y$であるものをX上の置換という．明らかに，Xの各元xをx自身に対応させる写像もX上の置換であるが，これをとくにX上の恒等写像，あるいはX上の恒等置換という．

なお本書では，恒等置換をeで表すことにする．

関数$y=x^3$は，$\boldsymbol{R}$上の置換である．また，任意の複素数

$$a+bi \quad (a,\ b \in \boldsymbol{R},\ i=\sqrt{-1})$$

を，それと共役な複素数$a-bi$に対応させる写像は$\boldsymbol{C}$上の置換である．そのように，無限集合上の置換もいろいろ考えられるが，置換という言葉を用いるときは，暗に有限集合上の置換に限定して考える場合が少なくない．

集合X上の置換のうち，とくにXの異なる2つの元αとβの取り替えになっているものをX上の互換といい，記号$(\alpha\ \ \beta)$で表す．すなわち互換$(\alpha\ \ \beta)$は，αをβに移し，βをαに移し，その他の元γをγ自身に移すX上の置換である．

以下，しばらくn個の元からなる集合

$$\Omega=\{1, 2, 3, \cdots, n\}$$

上の置換を扱うことにする.

Ω 上の置換の記法であるが，任意の置換 f に対し,

$$f=\begin{pmatrix} 1 & 2 & 3 & \cdots & n \\ f(1) & f(2) & f(3) & & f(n) \end{pmatrix}$$

で表すことが一般的である．ここで，$f(1), f(2), \cdots, f(n)$ はすべて異なるので，Ω 上の置換全体の総数は $1, 2, \cdots, n$ の順列の総数と等しくなって，それは $n!$ である.

Ω の $t\ (\geq 2)$ 個の異なる元 $\alpha_1, \alpha_2, \cdots, \alpha_t$ に対し,

$$\sigma(\alpha_i)=\alpha_{i+1}\quad (i=1, 2, \cdots, t-1),\quad \sigma(\alpha_t)=\alpha_1,$$
$$\sigma(\beta)=\beta\quad (\beta\in\Omega-\{\alpha_1, \alpha_2, \cdots, \alpha_t\})$$

を満たす Ω 上の置換 σ を，長さ t の巡回置換といい，記号

$$(\alpha_1\,\alpha_2\,\alpha_3\cdots\alpha_t)\quad \text{または}\quad (\alpha_1, \alpha_2, \alpha_3, \cdots, \alpha_t)$$

で表す．とくに，長さ 2 の巡回置換は互換である.

なお便宜上，Ω の任意の元 α に対し，長さ 1 の巡回置換として扱う (α) は α を固定する置換を表すものとする．例として,

$$(1\ \ 2)\circ(2\ \ 3)=(1\ \ 2\ \ 3)$$
$$(1\ \ 2\ \ 3)\circ(1\ \ 3\ \ 2)=e$$

が成り立つ.

定理 1.2.1　$\Omega=\{1, 2, \cdots, n\}$ 上の任意の置換 f は，いくつかの巡回置換 $g_1, g_2, \cdots, g_k$ の合成写像として表される．ここで，$1\leq i<j\leq k$ のとき,

$$g_i=(\alpha_1, \alpha_2, \cdots, \alpha_s),\quad g_j=(\beta_1, \beta_2, \cdots, \beta_t)$$

とおくと,

$$\{\alpha_1, \alpha_2, \cdots, \alpha_s\}\cap\{\beta_1, \beta_2, \cdots, \beta_t\}=\phi$$

である．また，$g_1, g_2, \cdots, g_k$ の写像の合成に関する順番は問わない.

証明 最初に，任意の自然数 m と Ω の任意の元 α に対し，

$$f^m(\alpha)=f(f(\cdots(f(\alpha))\cdots)) \quad (\alpha \text{に対し} f \text{を} m \text{回続けて作用})$$

と定める．また，$f^0(\alpha)=\alpha$ と定める．いま，

$$1, f(1), f^2(1), f^3(1), \cdots$$

という Ω の元の列を考えると，$1, f(1), f^2(1), \cdots, f^{u-1}(1)$ はすべて異なって，$f^u(1)=1$ となる自然数 u が存在する．なぜならば，もしそのような u がないとすると，Ω は有限集合だから，

$$f^{v-1}(1) \neq f^{w-1}(1) \quad \text{かつ} \quad f^v(1)=f^w(1)$$

となるような自然数 v, w $(v<w)$ が存在する．

しかしながら，これは f が単射であることに反して矛盾．よって，$1, f(1), f^2(1), \cdots, f^{u-1}(1)$ はすべて異なって，$f^u(1)=1$ となる自然数 u が存在する．そこで，f は集合

$$A_1=\{1, f(1), f^2(1), \cdots, f^{u-1}(1)\}$$

上では長さ u の巡回置換

$$g_1=(1, f(1), f^2(1), \cdots, f^{u-1}(1))$$

として作用している．

$A_1=\Omega$ ならば，f は1つの巡回置換として表されたことになる．$A_1 \subsetneq \Omega$ のときは，$\Omega-A_1$ の元のうち最小の自然数を a とする．この a に対しても，

$$a, f(a), f^2(a), f^3(a), \cdots$$

という Ω の元の列を考えると，1に対する場合と同様にして，$a, f(a), f^2(a), \cdots, f^{r-1}(a)$ はすべて異なるが，$f^r(a)=a$ となる自然数 r が存在する．よって，f は集合

$$A_2=\{a, f(a), f^2(a), \cdots, f^{r-1}(a)\}$$

上では長さ r の巡回置換

$$g_2=(a, f(a), f^2(a), \cdots, f^{r-1}(a))$$

として作用している．ここで，$A_1 \cap A_2=\phi$ に注意する．

$A_1 \cup A_2$ が Ω と一致するならば，f は2つの巡回置換の合成 $g_1 \circ g_2$ として表されたことになる．$A_1 \cup A_2$ が Ω と一致しないならば，$\Omega-(A_1 \cup A_2)$ の元のうち最小の自然数を b とする．この b に対しても，a と同様なことを行う．

以上を繰り返し行えば，f はいくつかの巡回置換 $g_1, g_2, \cdots, g_k$ の合成置換（置換の合成）

$$g_1 \circ g_2 \circ \cdots \circ g_k$$

として表されることが分かる．ただし，k は n 以下の自然数で，$1 \leq i < j \leq k$ のとき，

$$g_i=(\alpha_1, \alpha_2, \cdots, \alpha_s),\ g_j=(\beta_1, \beta_2, \cdots, \beta_t)$$

とおくと，

$$\{\alpha_1, \alpha_2, \cdots, \alpha_s\} \cap \{\beta_1, \beta_2, \cdots, \beta_t\}=\phi$$

である．それゆえ，$g_1, g_2, \cdots, g_k$ が動かす Ω の元は互いに共通部分がないので，$g_1, g_2, \cdots, g_k$ の写像の合成に関する順番は問わないのである．

(証明終り)

一般に任意の置換 f をこのような形で表すことを，f の巡回置換分解という．例として，

$$\begin{pmatrix} 1 & 2 & 3 & 4 & 5 & 6 & 7 & 8 & 9 \\ 3 & 6 & 4 & 5 & 1 & 2 & 7 & 9 & 8 \end{pmatrix}=(1\ 3\ 4\ 5) \circ (2\ 6) \circ (7) \circ (8\ 9)$$

$$=(1\ 3\ 4\ 5) \circ (2\ 6) \circ (8\ 9)$$

定理 1.2.2　$\Omega=\{1, 2, 3, \cdots, n\}$ 上の任意の置換 f は，いくつかの互換 h_1, h_2, $\cdots$, h_i の合成写像 $h_1 \circ h_2 \circ \cdots \circ h_i$ として表される．とくに f は，次の互換いくつかの（重複を含めた）合成によって表すこともできる．

$$(1\ \ 2), (2\ \ 3), \cdots, (n-1\ \ n)$$

証明　定理 1.2.1 より

$$f=g_1 \circ g_2 \circ \cdots \circ g_k$$

となる巡回置換 g_1, g_2, $\cdots$, g_k がある．したがって，任意の巡回置換 g がいくつかの互換の合成として表されることを示せばよい．

いま，

$$g=(a_1\ \ a_2\ \ a_3 \cdots a_t)$$

とすると，次の式が成り立つことが分かる．

$$g=(a_1\ \ a_t) \circ (a_1\ \ a_{t-1}) \circ \cdots \circ (a_1\ \ a_3) \circ (a_1\ \ a_2)$$

よって，定理の前半が証明された．

後半は，任意の互換 $(\alpha\ \ \beta)$ $(\alpha<\beta)$ が次のように表されることから分かる．

$$\begin{aligned}(\alpha\ \ \beta)=&(\alpha\ \ \alpha+1) \circ (\alpha+1\ \ \alpha+2) \circ \cdots \circ (\beta-2\ \ \beta-1) \circ (\beta-1\ \ \beta) \circ \\ &(\beta-2\ \ \beta-1) \circ \cdots \circ (\alpha+1\ \ \alpha+2) \circ (\alpha\ \ \alpha+1)\end{aligned}$$

（証明終り）

定理前半の例として，

$$\begin{aligned}\begin{pmatrix}1 & 2 & 3 & 4 & 5 & 6 & 7 & 8 & 9 \\ 3 & 6 & 4 & 5 & 1 & 2 & 7 & 9 & 8\end{pmatrix} &= (1\ \ 3\ \ 4\ \ 5) \circ (2\ \ 6) \circ (8\ \ 9) \\ &= (1\ \ 5) \circ (1\ \ 4) \circ (1\ \ 3) \circ (2\ \ 6) \circ (8\ \ 9)\end{aligned}$$

次の定理で述べるように，任意の置換 f を互換の合成として表すとき，その互換の個数は偶数か奇数か一意的に定まる．その互換の個数が偶数か奇数かによって，f をそれぞれ偶置換，奇置換という．

定理 1.2.3　$\Omega=\{1, 2, 3, \cdots, n\}$ 上の任意の置換 f は，いくつかの互換 $h_1, h_2, \cdots, h_l$ の合成置換 $h_1\circ h_2\circ\cdots\circ h_l$ として表され，l が偶数であるか奇数であるかは f によって一意的に定まる．

証明（Miller）　最初に e（恒等置換）がいくつかの互換 $k_1, k_2, \cdots, k_r$ の合成置換として

$$e=k_1\circ k_2\circ\cdots\circ k_r \qquad \cdots\cdots(1)$$

と表されたとすると，r は偶数になることを示す．まず Ω の元 1 が現れる k_i があるとし，それらのうちで i が最大になるものを改めて $k_i=(1\quad\alpha)$（α は 1 と異なる Ω の元）とする．ここで $i\neq1$ である．なぜならば，もし $i=1$ とすると，1 の行き先を考えれば，(1) 式の右辺は e と異なるものになってしまう．

ここで，k_{i-1} は次の 4 通りのどれかになる．

（ア）$(1\quad\alpha)$

（イ）$(1\quad\beta)$（β は 1，α と異なる Ω の元）

（ウ）$(\alpha\quad\beta)$（β は 1，α と異なる Ω の元）

（エ）$(\beta\quad\gamma)$（β, γ はどちらも 1，α と異なる Ω の元）

そして，（ア），（イ），（ウ），（エ）それぞれの場合に対して，以下の等式が成り立つ．

（ア）　$k_{i-1}\circ k_i=e$

（イ）　$k_{i-1}\circ k_i=(1\quad\beta)\circ(1\quad\alpha)=(1\quad\alpha\quad\beta)=(1\quad\alpha)\circ(\alpha\quad\beta)$

（ウ）　$k_{i-1}\circ k_i=(\alpha\quad\beta)\circ(1\quad\alpha)=(1\quad\beta\quad\alpha)=(1\quad\beta)\circ(\alpha\quad\beta)$

（エ）　$k_{i-1}\circ k_i=(\beta\quad\gamma)\circ(1\quad\alpha)=(1\quad\alpha)\circ(\beta\quad\gamma)$

(1) 式の右辺の $k_{i-1}\circ k_i$ に上の等式を代入したものを

$$e=k'_1\circ k'_2\circ\cdots\circ k'_s \qquad \cdots\cdots(2)$$

とすれば，(2) 式の右辺の互換の個数 s は $r-2$ または r と等しく，さらに Ω の元 1 が現れる k'_j に対しては $j\leq i-1$ が必ず成り立つ．

次に，(2) 式に対しても (1) 式に対する議論と同じことを行い，さらにその議論をできるところまで繰り返し行ったものを

$$e = q_1 \circ q_2 \circ \cdots \circ q_t \qquad \cdots\cdots(3)$$

とする．ここですべての互換q_iにΩの元1は現れず，tとrの偶奇性は一致する．

さて，Ωの元1に対する議論はΩの元2, 3, 4, …にもそれぞれ適用できるので，(3) 式に対し順次適用していけば，いずれ右辺はeになる．したがって，tは偶数であることがわかる．よって，rは偶数である．

いま，fがいくつかの互換の合成として

$$f = h_1 \circ h_2 \circ \cdots \circ h_l = h'_1 \circ h'_2 \circ \cdots \circ h'_m$$

と2通りに表されたとする．ここで，$l+m$が偶数であることを示せばlとmの偶奇性は一致する．上式右の等式の両辺に左から

$$h_l \circ h_{l-1} \circ \cdots \circ h_2 \circ h_1$$

を作用させると，

$$(h_l \circ h_{l-1} \circ \cdots \circ h_2 \circ h_1) \circ (h_1 \circ h_2 \circ \cdots \circ h_l)$$
$$= (h_l \circ h_{l-1} \circ \cdots \circ h_2 \circ h_1) \circ (h'_1 \circ h'_2 \circ \cdots \circ h'_m)$$

を得る．したがって，

$$e = (h_l \circ h_{l-1} \circ \cdots \circ h_2 \circ h_1) \circ (h'_1 \circ h'_2 \circ \cdots \circ h'_m)$$

となるので，証明の前半に示したことから$l+m$は偶数となる．

(証明終り)

偶数個，奇数個の互換の合成として表される置換を，それぞれ偶置換，奇置換という．とくに，恒等写像eは偶置換である．

たとえば定理1.2.2の証明より，長さtの巡回置換gは$t-1$個の互換の合成として表されるので，tが偶数のときgは奇置換，tが奇数のときgは偶置換となる．

定理 1.2.4　$n \geq 2$ のとき，$\Omega = \{1, 2, \cdots, n\}$ 上の偶置換全体の集合を A，奇置換全体の集合を B とすると，

$$|A| = |B| = \frac{n!}{2}$$

証明　$C = \{(1\ \ 2) \circ x \mid x \in A\}$

とおく．A の異なる 2 つの元 x, y に対し，

$$(1\ \ 2) \circ x = (1\ \ 2) \circ y$$

とすると，両辺左から $(1\ 2)$ を作用させることにより，

$$(1\ \ 2) \circ (1\ \ 2) \circ x = (1\ \ 2) \circ (1\ \ 2) \circ y$$
$$x = y$$

となって矛盾である．したがって，

$$|C| = |A|$$

を得る．また，C のすべての元は奇数個の互換の合成として表されるから，

$$C \subseteq B$$

である．よって，$|A| \leq |B|$ が成り立つ．

同様に，

$$D = \{(1\ \ 2) \circ x \mid x \in B\}$$

という集合を考えると，

$$|D| = |B|,\quad D \subseteq A$$

が分かるので，$|B| \leq |A|$ が成り立つ．したがって，

$$|A| = |B|$$

が成り立ち，また Ω 上の置換全体の個数は $n!$ なので，結論を得る．

(証明終り)

次に，同値関係と同値類について述べよう．

集合 X の任意の元 x, y に対し，$x \sim y$ という関係が成立しているか（$x \sim y$ と記す），あるいは $x \sim y$ という関係は成立していないか（$x \nsim y$ と記す），そのどちらかが明確に定められているとする．このとき，「集合 X に関係 $\sim$ が定められている」あるいは，「集合 X に関係 $\sim$ が導入されている」という．この関係 $\sim$ が次の3つの条件を満たすとき，$\sim$ は集合 X における同値関係であるという．

(i) 反射律：X のすべての元 x に対して，$x \sim x$ が成り立つ．

(ii) 対称律：X の元 x, y に対し，$x \sim y$ ならば $y \sim x$ が成り立つ．

(iii) 推移律：X の元 x, y, z に対し，$x \sim y$ かつ $y \sim z$ ならば，$x \sim z$ が成り立つ．

集合 X に同値関係 $\sim$ が定められているとき，X の任意の元 a に対し，X の部分集合

$$C(a) = \{x \in X \mid a \sim x\}$$

を，同値関係 $\sim$ による a の同値類という．

例 1.2.1　n を自然数とする．整数全体の集合 $\mathbf{Z}$ において，$\mathbf{Z}$ の任意の元 x, y に対し，

$$x \sim y \Leftrightarrow x - y \text{ は } n \text{ の倍数} \qquad \cdots\cdots(*)$$

と定めると，$\sim$ は $\mathbf{Z}$ における同値関係であることが以下のようにして分かる．

(i) について．$\mathbf{Z}$ の任意の元 x に対し，

$$x - x = 0 = n \cdot 0$$

なので，$x \sim x$ が成り立つ．よって，$\sim$ は反射律を満たす．

(ii) について．$\mathbf{Z}$ の元 x, y に対し，$x \sim y$ であるとする．このとき，

$$x - y = na$$

となる整数 a が存在し，

$$y-x=n\cdot(-a)$$

となるので，$y \sim x$ が成り立つ．よって，$\sim$ は対称律を満たす．

(iii) について．$\boldsymbol{Z}$ の元 x, y, z に対し，$x \sim y$ かつ $y \sim z$ であるとする．このとき，

$$x-y=na, \quad y-z=nb$$

となる整数 a, b が存在し，

$$x-z=(x-y)+(y-z)=na+nb=n(a+b)$$

となるので，$x \sim z$ が成り立つ．よって，$\sim$ は推移律を満たす．

(説明終り)

具体的に $n=5$ のとき，$\boldsymbol{Z}$ の部分集合のうち 5 の倍数全体を S，5 で割って余り 1, 2, 3, 4 となる整数全体をそれぞれ T, U, V, W とすると，同値関係 $\sim$ による 7 の同値類は U であり，同値関係 $\sim$ による -1 の同値類は W である．そして，同値関係 $\sim$ によるすべての同値類は，S, T, U, V, W の 5 個である．

なお，例 1.2.1 の最初の定義 (*) が成り立つとき，

$$x \equiv y \pmod{n}$$

と書いて，x と y は n を法として合同であるという．このような式を合同式という．そして，上記の (i), (ii), (iii) は合同式を用いて，

(i) $\boldsymbol{Z}$ の任意の元 x に対し，$x \equiv x \pmod{n}$

(ii) $\boldsymbol{Z}$ の元 x, y に関して

$$x \equiv y \pmod{n} \Rightarrow y \equiv x \pmod{n}$$

(iii) $\boldsymbol{Z}$ の元 x, y, z に関して

$$x \equiv y \pmod{n},\quad y \equiv z \pmod{n} \Rightarrow x \equiv z \pmod{n}$$

と表せる．また，以下の(iv),(v),(vi)の成立も易しく分かる．なお，a, b, c, d は $\mathbf{Z}$ の元とする．

(iv) $a \equiv b \pmod{n},\ c \equiv d \pmod{n} \Rightarrow a+c \equiv b+d \pmod{n}$

(v) $a \equiv b \pmod{n},\ c \equiv d \pmod{n} \Rightarrow ac \equiv bd \pmod{n}$

(vi) $ac \equiv bc \pmod{nc}\ (c \neq 0) \Rightarrow a \equiv b \pmod{n}$

定理 1.2.5　集合 X に同値関係 $\sim$ が定められていて，X の元 a の同値類を $C(a)$ で表すとき，次のことが成り立つ．

(i) X のすべての元 a に対して，$a \in C(a)$

(ii) X の元 a, b に対し，

$$C(a) \cap C(b) \neq \phi \Leftrightarrow C(a) = C(b)$$

(iii) 集合 $\{x \in X \mid x$ はある $C(a)$ の元，$a \in X\}$ を $\bigcup_{a \in X} C(a)$ で表すとき，

$$X = \bigcup_{a \in X} C(a)$$

証明

(i) 反射律の成立より，X のすべての元 a に対して $a \sim a$．そして同値類の定義から，$a \in C(a)$ を得る．

(ii) (⇐) は明らかなので，(⇒) を示す．

いま，$C(a) \cap C(b) \ni c$ とすると，同値類の定義から

$$a \sim c,\quad b \sim c$$

を得る．ここで対称律を用いて，

$$a \sim c,\quad c \sim b$$

を得る．そして推移律を用いて

$$a \sim b$$

を得る．次に対称律を用いて

$$b \sim a$$

も得る．そこでXの元xに対し，いま得た$a \sim b$および$b \sim a$を用いて推移律を適用することにより，

$$\begin{aligned} & x \in C(a) \\ & \quad \Leftrightarrow a \sim x \\ & \quad \Leftrightarrow b \sim x \\ & \quad \Leftrightarrow x \in C(b) \end{aligned}$$

が成り立つことが分かる．したがって，$C(a)=C(b)$ が導かれたのである．

(iii) 各 $C(a)$ はXの部分集合であるから，

$$X \supseteq \bigcup_{a \in X} C(a)$$

を得る．一方，Xの任意の元xに対し，$x \in C(x)$ であるから，

$$x \in C(x) \subseteq \bigcup_{a \in X} C(a)$$

となるので，

$$X \subseteq \bigcup_{a \in X} C(a)$$

を得る．以上から (iii) が成り立つ．

(証明終り)

一般に集合Xに対し，Xのあらゆる部分集合を元とする集合をXのべき集合といい，$\mathbf{P}(X)$ で表す．$\mathbf{P}(X)$ の任意の部分集合をXの部分集合系という．

集合Xの部分集合系 $\aleph$ について，次の (i) と (ii) を満たすとき，$\aleph$ はXの直和分割であるといい，Xは $\aleph$ に属する集合の直和であるという．

(i) $\displaystyle\bigcup_{M \in \aleph} M = X$

(ii) $\aleph$ の相異なる任意の2元 M, M' に対し，

$$M \cap M' = \phi$$

定理1.2.5は，集合 X に同値関係 $\sim$ が定められているとき，$\sim$ による同値類全体の集合を $\aleph$ とすると，$\aleph$ は X の直和分割であることを示している．そのように，同値関係 $\sim$ から直和分割 $\aleph$ をつくることを X の $\sim$ による類別といい，$\aleph$ の元を類という．このとき，$\aleph$ を X の $\sim$ による商集合といい，$X/\sim$ で表す．すなわち，

$$X/\sim = \{C(a) \mid a \in X\}$$

である．また，C を X の $\sim$ による同値類とし，c を C の任意の元とするとき，c を C の代表元という．

次に，集合 X に同値関係 $\sim$ が定められているとき，X の任意の元 x に対して，それを商集合 $X/\sim$ の元 $C(x)$ に対応させる写像 φ は，X から $X/\sim$ への全射となる．この φ を，X から $X/\sim$ への自然な写像という．この用語は多くの分野で使われるので，そのまま受け入れていただきたいものである．

最後に，集合 X に関係 $\sim$ が定められているとき，それが反射律，対称律，推移律のすべてを満たす同値関係になるとも限らない．そこで，それら3つのうち2つを満たし，1つを満たさない関係の例を紹介しよう．

例 1.2.2

(1) $X = \boldsymbol{R}$（実数全体の集合）とし，X の任意の元 x, y に対し，

$$x \sim y \Leftrightarrow |x - y| \leq 1$$

と定めると，関係 $\sim$ は反射律および対称律を満たすが，推移律は満たさないことが分かる．

(2) $X = \boldsymbol{R}$ とし，X の任意の元 x, y に対し，

$$x \sim y \Leftrightarrow x \leq y$$

と定めると，関係 $\sim$ は反射律および推移律を満たすが，対称律は満たさないことが分かる．

(3) $X=\{1\}$ とし，X の任意の元 x, y に対し，

$$x\sim y \Leftrightarrow x\neq y$$

と定めると，関係 $\sim$ は対称律および推移律を満たすが，反射律は満たさないことが分かる．なお p と q を命題とするとき，p が真で q が偽であるときのみ「$p\Rightarrow q$」は偽となって，その他の場合は真となることに注意する．

1.3　線形代数学の基礎的性質と代数学の基本定理

本節では，本書で必要となる線形代数学の基礎的性質と代数学の基本定理について述べる．

最初は，線形代数学のほとんどの教科書に載っている定理である（証明省略）．

定理 1.3.1　K を $\boldsymbol{Q}, \boldsymbol{R}, \boldsymbol{C}$ のどれかとし，V を K 上の線形空間（$V\neq\{$ 零ベクトル $\}$）とする．また，V に有限個の元（ベクトル）が存在して，V の任意の元（ベクトル）はそれらの線形結合として表されるとする．このとき，V に有限個の線形独立な元（ベクトル）$u_1, u_2, \cdots, u_n$ が存在し，V の任意の元（ベクトル）は $u_1, u_2, \cdots, u_n$ の線形結合として一意的に表される．ここで，n は V により一意的に定まる．

上の定理において，$u_1, u_2, \cdots, u_n$ を V の基底といい，n を V の次元ということは既知のことであろう．この定理を本書でこれから用いるときは，K を次の節で説明する体（たい）とする場合が多いが，その場合であっても定理の証明部分は同じもので済むことを注意しておく．

定理 1.3.2（代数学の基本定理）　複素数係数の n 次方程式

$$f(z)=a_0z^n+a_1z^{n-1}+\cdots+a_{n-1}z+a_n=0 \quad (a_0\neq 0)$$

は重複度も込めてちょうど n 個の解（根）を $\boldsymbol{C}$ の中にもつ．

証明　もし $f(\alpha)=0$ となる解 $\alpha\in\boldsymbol{C}$ の存在が一般に示せれば，剰余定理により

$$f(z)=(x-\alpha_1)f_1(z)$$

と表される．（$\alpha_1=\alpha$ は複素数で，$f_1(z)$ は複素数係数の $n-1$ 次多項式．）

次に同じ理由により，

$$f_1(z)=(z-\alpha_1)(z-\alpha_2)f_2(z)$$

と表される．（α_2 は複素数で，$f_2(z)$ は複素数係数の $n-2$ 次多項式．）

以下，上の操作を続けることにより，

$$f(z)=(z-\alpha_1)(z-\alpha_2)\cdots(z-\alpha_n)f_n(z)$$

と表される．（各 α_i は複素数で，$f_n(z)$ は複素数係数の 0 次多項式）．ここで，両辺の最高次係数を比べることにより

$$a_0=f_n(z)$$

を得る．以上から本定理を証明するためには，$f(\alpha)=0$ となる解 $\alpha\in\boldsymbol{C}$ の存在を示せばよいのである．これからそれを示すことになるが，与式の両辺を a_0 で割ることを考えれば，$a_0=1$ としてよい．

$$f(z)=z^n+a_1z^{n-1}+\cdots+a_{n-1}z+a_n \quad (n\geq 1)$$

は，$\boldsymbol{C}$ 上の連続関数である．$z\neq 0$ のとき

$$f(z)=z^n\left(1+\frac{a_1}{z}+\frac{a_2}{z^2}+\cdots+\frac{a_n}{z^n}\right)$$

であるので，十分大きい実数 $M>0$ をとると，$|z|>M$ のとき以下の 2 つの式を満たす．

$$\left|1+\frac{a_1}{z}+\frac{a_2}{z^2}+\cdots+\frac{a_n}{z^n}\right|>\frac{1}{2}$$

$$\frac{1}{2}M^n>|f(0)|$$

そこで，

$$|z|>M \text{ のとき } |f(z)|>\frac{1}{2}|z|^n>\frac{1}{2}M^n>|f(0)|$$

となる．ここで，$\boldsymbol{C}$ の元 z を $|f(z)|$ に対応させる写像は連続なので，有界閉集合 $\{z\in\boldsymbol{C}\ \big|\ |z|\leq M\}$ 上で $|f(z)|$ は最小値 $|f(z_0)|$ をとる．

$f(z_0)=0$ を示すために，$f(z)$ の代わりに $f(z+z_0)$ を考えて，$|f(0)|=0$ を示せばよい．

$f(0)=\alpha$ とおくと，$f(z)$ は

$$f(z)=\alpha+b_1z+b_2z^2+\cdots+b_nz^n \quad (b_i\in\boldsymbol{C})$$

と表せる．$b_1, b_2, \cdots, b_n$ と並べたうちで最初に 0 でないものを $b_t=\beta$ とすると，

$$f(z)=\alpha+\beta z^t+z^{t+1}g(z)$$

と表すことができる（$g(z)$ は $\boldsymbol{C}$ の元を係数とする多項式）．

いま $\alpha\neq 0$ と仮定して，複素数平面上で $-\dfrac{\alpha}{\beta}$ の t 乗根の 1 つを $\omega\in\boldsymbol{C}$ とする．このとき，正の数 ε $(0<\varepsilon<1)$ があって，

$$|\varepsilon\omega^{t+1}g(\varepsilon\omega)|<|\alpha|$$

となる．なぜならば，

$$\lim_{\varepsilon\to+0}|\varepsilon\omega^{t+1}g(\varepsilon\omega)|=\lim_{\varepsilon\to+0}|\varepsilon\omega^{t+1}|\cdot\lim_{\varepsilon\to+0}|g(\varepsilon\omega)|=0\cdot|g(0)|=0$$

以上から，

$$|f(\varepsilon\omega)| = |\alpha + \beta(\varepsilon\omega)^t + (\varepsilon\omega)^{t+1}g(\varepsilon\omega)|$$
$$= |\alpha + \beta\varepsilon^t\omega^t + \varepsilon^t\{\varepsilon\omega^{t+1}g(\varepsilon\omega)\}|$$
$$< \left|\alpha + \beta\varepsilon^t\left(-\frac{\alpha}{\beta}\right)\right| + \varepsilon^t|\alpha|$$

したがって

$$|f(\varepsilon\omega)| < |\alpha(1-\varepsilon^t)| + \varepsilon^t|\alpha| = |\alpha|$$

を得るが，これは $f(0)=|\alpha|$ が最小値であることに反して矛盾．よって，定理 1.3.2 が証明されたことになる．

（証明終り）

1.4 群・環・体の定義

本節では，群，環，体の定義を述べ，それらの簡単な例を紹介する．まず，集合に演算が定義されることの意味から説明しよう．

今までに学んできた四則演算 $+ - \times \div$ や写像の合成 $\circ$ などを代表して演算記号 $*$ で表すと，適当な集合 X の元 x, y に対して $x*y$ というものを考えたことになる．それを踏まえて，以下の言葉を導入しよう．

集合 X と演算記号 $*$ があって，X の任意の元 x, y に対して X のある 1 つの元 $x*y$ が定まるとき，集合 X に演算 $*$ は定義される（集合 X で演算 $*$ は閉じている）という．

いくつかの例をあげよう．集合 $\boldsymbol{Z}$ に演算 $+$，$-$，$\times$ は定義されるが，演算 $\div$ は定義されない．集合 $\boldsymbol{Q}-\{0\}$ に演算 $\times$ は定義されるが，演算 $+$ は定義されない．任意の集合 Ω 上の置換全体の集合 S^{Ω} に，演算 $\circ$（写像の合成）は定義される．

一般に，数 a, b の積 $a\times b$ を ab で表すことがあるように，集合 X に演算 $*$ が定義されているとき，X の任意の元 x, y に対し $x*y$ を単に xy で表すこともある．とくに，数の積 $\times$ や写像の合成 $\circ$ を省略することはよくある．また，それらを単に $\bullet$ で表すこともあるが，省略や簡略するときは誤解を招かないような配慮をしているので，あまり気にする必要はないだろう．

例 1.4.1

(1) p を素数とするとき，

$$X=\{p^m \mid m\in \boldsymbol{Z}\}$$
$$Y=\{p^n \mid n\in \boldsymbol{N}(\text{自然数全体の集合})\}$$

を考えると，X に積×と商÷は定義されるものの，和＋と差－は定義されない．また Y に積×は定義されるものの，和＋と差－と商÷は定義されない．

(2) 実数全体の集合 $\boldsymbol{R}$ の任意の元 x, y に対し，

$$x*y=xy^2+2y$$

と定めると，$\boldsymbol{R}$ に演算 $*$ は定義される．しかしながら，$\boldsymbol{R}-\{0\}$ には同じ演算 $*$ が定義されない．なぜならば，

$$(-2)*1=(-2)\cdot 1^2+2\cdot 1=0$$

となるからである．

(3) $\Omega=\{1,2,3,4,5\}$ 上の6個の置換からなる集合

$$X=\{e,(1\ \ 2\ \ 3),(1\ \ 3\ \ 2),(4\ \ 5),(1\ \ 2\ \ 3)\circ(4\ \ 5),(1\ \ 3\ \ 2)\circ(4\ \ 5)\}$$

には，写像の合成∘が定義される．ただし，e は恒等置換．実際，X の6個の元は，Ω の部分集合 $\{1,2,3\}$ と $\{4,5\}$ に分けて作用しており，

$$(1\ \ 2\ \ 3)^2=(1\ \ 2\ \ 3)\circ(1\ \ 2\ \ 3)=(1\ \ 3\ \ 2)$$
$$(1\ \ 2\ \ 3)\circ(1\ \ 3\ \ 2)=e,\quad (1\ \ 3\ \ 2)\circ(1\ \ 2\ \ 3)=e$$
$$(1\ \ 3\ \ 2)^2=(1\ \ 3\ \ 2)\circ(1\ \ 3\ \ 2)=(1\ \ 2\ \ 3)$$

$$(4\ \ 5)^2=(4\ \ 5)\circ(4\ \ 5)=e$$

が成り立つ．さらに，2つの集合

$$A=\{e, (1\ \ 2\ \ 3), (1\ \ 3\ \ 2)\},\quad B=\{e, (4\ \ 5)\}$$

の直積集合 $A\times B$ から導かれる元 $a\circ b(a\in A, b\in B)$ 全体が X と一致するのである．したがって X には，$\{1, 2, 3, 4, 5\}$ 上の置換の集合として演算 $\circ$ が定義される．

さて，高校までの学習において，数の世界での結合法則や交換法則を既に学んだ．それらは一般に拡張されるものであり，それらの定義を述べておく．

集合 X に演算 $*$ が定義されているとする．X の任意の元 x, y, z に対して

$$(x*y)*z=x*(y*z)$$

であるとき，$*$ に関して結合法則が成り立つという．また，X の任意の元 x, y に対して

$$x*y=y*x$$

であるとき，$*$ に関して交換法則が成り立つという．

例 1.4.2

(1) $\boldsymbol{Z}$ において，和 $+$ に関して結合法則と交換法則は成り立つが，差 $-$ に関しては，結合法則も交換法則も成り立たない．

(2) $\Omega=\{1, 2, 3\}$ 上の置換の集合

$$A=\{e, (1\ \ 2\ \ 3), (1\ \ 3\ \ 2)\}$$

と

$$S=\{e, (1\ \ 2), (1\ \ 3), (2\ \ 3), (1\ \ 2\ \ 3), (1\ \ 3\ \ 2)\}$$

においては，それぞれ写像の合成 $\circ$ が定義される．その演算に関して，A においては交換法則が成り立つものの，S においては交換法則が成り立たない．実際，

$$(1\ \ 2)\circ(1\ \ 3)=(1\ \ 3\ \ 2)$$
$$(1\ \ 3)\circ(1\ \ 2)=(1\ \ 2\ \ 3)$$

である．

ここで，「well-defined」という用語を例によって説明しよう．これを直訳すると「よく定義されている」となるが，そのようには言わないで英語のまま用いていることにする．これは，ある集合 X に定められた同値関係 $\sim$ による X の商集合 $X/\sim$ に新たな演算を定義するとき，あるいは，今までに演算 $*$ が定義されていた集合 A を含む集合 B に $*$ を拡張して定義するときなどに使う表現で，その定義自身には矛盾が内含していないことを保障するものである．

例 1.4.3 m を 2 以上の整数とし，$\mathbf{Z}$ に関係 $\sim$ を次のように定める．$\mathbf{Z}$ の任意の元 x, y に対し，

$$x \sim y \Leftrightarrow x-y \text{ は } m \text{ の倍数}$$

このとき，例 1.2.1 より $\sim$ は $\mathbf{Z}$ における同値関係となる．$\mathbf{Z}$ の任意の元 x を含む同値類を $\overline{x}$ で表すことにして，商集合 $\mathbf{Z}/\sim$ に 2 つの演算 $\oplus$ と $\otimes$ を，

$$\overline{i} \oplus \overline{j} = \overline{i+j}, \quad \overline{i} \otimes \overline{j} = \overline{i \cdot j}$$

によって定義するとき，これは well-defined である．また演算 $\oplus$ と $\otimes$ に関して，それぞれ結合法則と交換法則が成り立つ．以下，それらを説明しよう．

まず，

$$\overline{i} = \overline{i'}, \quad \overline{j} = \overline{j'}$$

となる $\mathbf{Z}$ の元 i, j, i', j' に対して，

$$\overline{i+j} = \overline{i'+j'}, \quad \overline{i \cdot j} = \overline{i' \cdot j'}$$

が成り立つことを示す．

$$i-i'=ms,\ j-j'=mt$$

となる整数 s, t が存在する．それゆえ，

$$i=i'+ms,\ j=j'+mt$$

となるので，

$$i+j=(i'+j')+m(s+t)$$
$$i\cdot j=i'\cdot j'+m(sj'+ti'+mst)$$

を得る．よって，

$$\overline{i+j}=\overline{i'+j'},\ \overline{i\cdot j}=\overline{i'\cdot j'}$$

が導かれたことになり，⊕と⊗の定義は well-defined である．

次に，$\boldsymbol{Z}$ の任意の元 x, y, z に対し，

$$(\bar{x}\oplus\bar{y})\oplus\bar{z}=\overline{x+y}\oplus\bar{z}=\overline{x+y+z}$$

$$\bar{x}\oplus(\bar{y}\oplus\bar{z})=\bar{x}\oplus\overline{y+z}=\overline{x+y+z}$$

$$(\bar{x}\otimes\bar{y})\otimes\bar{z}=\overline{xy}\otimes\bar{z}=\overline{xyz}$$

$$\bar{x}\otimes(\bar{y}\otimes\bar{z})=\bar{x}\otimes\overline{yz}=\overline{xyz}$$

$$\bar{x}\oplus\bar{y}=\overline{x+y}=\overline{y+x}=\bar{y}\oplus\bar{x}$$

$$\bar{x}\otimes\bar{y}=\overline{xy}=\overline{yx}=\bar{y}\otimes\bar{x}$$

であるから，演算⊕と⊗に関して，$\boldsymbol{Z}/\sim$ は結合法則と交換法則が成り立つ．

今までの準備のもとで，これから群の定義を述べよう．

空でない集合 G に演算 $*$ が定義されているとき，次の条件 (i), (ii), (iii) を満たすならば G は $*$ に関して群であるという．さらに，(iv) も満たすならば，G は $*$ に関して可換群またはアーベル群であるという．なお，演

算記号をとくに意識する必要がない場合，$a*b$ を省略形 ab や簡略形 $a\cdot b$ で表すことが普通である（2章以降で注意）.

（i）結合法則が成立．すなわち，G の任意の元 a, b, c に対して

$$(a*b)*c=a*(b*c)$$

が成り立つ.

（ii）単位元の存在．すなわち，G にある元 e があって，G の任意の元 a に対して

$$a*e=e*a=a$$

が成り立つ．e を G の単位元といい，1などで表すこともある.

（iii）すべての元に逆元が存在．すなわち，G の任意の元 a に対して，

$$a*b=b*a=e \quad（単位元）$$

となる G の元 b が存在する．この b を a の逆元とよび，普通 a^{-1} で表す.

（iv）交換法則が成立．すなわち，G の任意の元 a, b に対して

$$a*b=b*a$$

が成り立つ．可換群 G の演算は＋で表すこともあり，$a+b$ を a と b の和といい，G を加法群という．そして，加法群 G の単位元はとくに零元といい，それを0で表す．この場合，元 b の逆元を $-b$ で表し，元 a と $(-b)$ の和 $a+(-b)$ を $a-b$ で表す.

一般に，元の個数が有限の群を有限群といい，それが無限の群を無限群という．また，群 G の元の個数 $|G|$ を G の位数という.

例 1.4.4（群の例）

（1）整数全体の集合 $\boldsymbol{Z}$ は和＋に関して加法群であるが，自然数全体の集合 $\boldsymbol{N}$ は＋に関して群ではない.

（2）実数全体の集合 $\boldsymbol{R}$ に対し，$\boldsymbol{R}-\{0\}$ は積・に関して可換群であるが，$\boldsymbol{R}$ は・に関して群ではない.

(3) 集合 Ω 上の置換全体の集合 S^{Ω} は写像の合成 $\circ$ に関して群である．S^{Ω} の単位元は Ω 上の恒等置換 e であり，S^{Ω} の元 f の逆元は f の逆写像 f^{-1} である．そして，S^{Ω} を Ω 上の対称群という．$|\Omega|=n$ のとき，S^{Ω} を S_n で表して n 次対称群ということもある．S_n は位数 $n!$ の有限群である．

$\Omega=\{1, 2, 3\}$ のとき

$$(1\ \ 2)\circ(2\ \ 3)=(1\ \ 2\ \ 3)$$
$$(2\ \ 3)\circ(1\ \ 2)=(1\ \ 3\ \ 2)$$

であるから，$|\Omega|\geq 3$ のとき対称群 S^{Ω} は可換群ではない．

(4) 定理 1.2.3 より，有限集合 Ω 上の偶置換全体の集合 A^{Ω} は写像の合成 $\circ$ が定義される．Ω 上の恒等置換 e は偶置換であり，Ω 上の偶置換

$$f=(\alpha_1\ \ \beta_1)\circ(\alpha_2\ \ \beta_2)\circ\cdots\circ(\alpha_{2m-1}\ \ \beta_{2m-1})\circ(\alpha_{2m}\ \ \beta_{2m})$$

の逆写像（逆置換）f^{-1} は

$$f^{-1}=(\alpha_{2m}\ \ \beta_{2m})\circ(\alpha_{2m-1}\ \ \beta_{2m-1})\circ\cdots\circ(\alpha_2\ \ \beta_2)\circ(\alpha_1\ \ \beta_1)$$

と表されるので，A^{Ω} は写像の合成 $\circ$ に関して群になる．そして，A^{Ω} を Ω 上の交代群という．$|\Omega|=n$ のとき，A^{Ω} を A_n で表して n 次交代群ということもある．定理 1.2.4 より，A_n は位数 $\dfrac{n!}{2}$ の有限群である $(n\geq 2)$．

$\Omega=\{1, 2, 3, 4\}$ のとき

$$(1\ \ 2\ \ 3)=(1\ \ 3)\circ(1\ \ 2),\quad (2\ \ 3\ \ 4)=(2\ \ 4)\circ(2\ \ 3)$$

はどちらも A^{Ω} の元であって，

$$(1\ \ 2\ \ 3)\circ(2\ \ 3\ \ 4)=(1\ \ 2)\circ(3\ \ 4)$$
$$(2\ \ 3\ \ 4)\circ(1\ \ 2\ \ 3)=(1\ \ 3)\circ(2\ \ 4)$$

である．よって，$|\Omega|\geq 4$ のとき交代群 A^{Ω} は可換群ではない．

(5) 平面上に正 n 角形 T があるとき $(n\geq 3)$，T をそれ自身に移す合同変換全体の集合を G とすると，T の表裏を返さない合同変換は n 個ある

(Tの中心を固定して角$\dfrac{2\pi}{n}$ずつの回転). ただし, Tを全く動かさない作用も一つの合同変換と見なす. また, Tの表裏を返す合同変換もn個ある.

Tの頂点全体からなる集合をΩとすると, Gの各元はΩ上の置換と見なすことができる. そこで, GはΩ上の対称群S^{Ω}の部分集合と見なせるが, GはTの合同変換という演算によって位数$2n$の有限群になる. Gの単位元は全く動かさない作用で, Gの元fの逆元はfを逆に戻す作用である. Gを正n角形の合同変換群という.

(6) 任意の自然数nに対し, 複素数ζを

$$\zeta=\cos\frac{2\pi}{n}+i\sin\frac{2\pi}{n}$$

とおくと, 数の集合

$$G=\{1, \zeta, \zeta^2, \cdots, \zeta^{n-1}\}$$

は位数nの可換群である. Gの単位元は1で, ζ^iの逆元はζ^{n-i}である$(1\leq i\leq n-1)$.

(7) 学習指導要領の高校数学から, 2行2列の行列の演算等は姿を消したが, 本書の読者にとって2次正方行列

$$O=\begin{pmatrix}0 & 0\\ 0 & 0\end{pmatrix},\quad E=\begin{pmatrix}1 & 0\\ 0 & 1\end{pmatrix}$$

を, それぞれ2次零行列, 2次単位行列ということは既知であろう.

いま,

$$M=\left\{\begin{pmatrix}a & b\\ c & d\end{pmatrix}\middle|\, a, b, c, d\in \boldsymbol{R}\right\}$$

とおくと, Mは$+$に関して加法群である. Mの零元は2次零行列Oであり,

$$A=\begin{pmatrix}a & b\\ c & d\end{pmatrix}$$

の逆元$-A$は

$$-A=\begin{pmatrix}-a & -b\\ -c & -d\end{pmatrix}$$

である．

　また，

$$G=\left\{A=\begin{pmatrix} a & b \\ c & d \end{pmatrix} \middle| a, b, c, d \in \boldsymbol{R}, A\text{は逆行列をもつ}\right\}$$

とおくと，G は E を単位元とする積・に関しての群になる．G の任意の元

$$A=\begin{pmatrix} a & b \\ c & d \end{pmatrix}$$

の逆元は，A の逆行列

$$A^{-1}=\frac{1}{ad-bc}\begin{pmatrix} d & -b \\ -c & a \end{pmatrix}$$

である．

　(8)　有理数全体の集合を $\boldsymbol{Q}$ として，

$$K=\{a+b\sqrt{2} \mid a, b \in \boldsymbol{Q}\}$$
$$G=K-\{0\}$$

とおくと，数の集合 G は以下のようにして積・に関して可換群となることが分かる．G の任意の元

$$\alpha=a+b\sqrt{2},\ \beta=c+d\sqrt{2} \quad (a, b, c, d \in \boldsymbol{Q})$$

に対し，$\alpha \neq 0$ かつ $\beta \neq 0$ のとき $\alpha\beta \neq 0$ であり，さらに

$$(a+b\sqrt{2})(c+d\sqrt{2})=(ac+2bd)+(ad+bc)\sqrt{2}$$

であるので，G は演算としての積が定義されている．そして，K において結合法則と交換法則はもちろん成り立つ．また，

$$1=1+0\cdot\sqrt{2}$$

なので，G は単位元 1 をもつ．

　残るは逆元の存在性であるが，G の元 $\alpha=a+b\sqrt{2}$ に対し，$a=b=0$ ではないので，

$$\frac{1}{a+b\sqrt{2}} = \frac{a-b\sqrt{2}}{(a+b\sqrt{2})(a-b\sqrt{2})}$$
$$= \frac{a}{a^2-2b^2} - \frac{b}{a^2-2b^2}\sqrt{2}$$

となることから，α は逆元をもつことが分かる．

(9) 例 1.4.3 より，以下のことが分かる．m を 2 以上の整数とし，$\boldsymbol{Z}$ に関係 $\sim$ を

$$x \sim y \Leftrightarrow x-y \text{ は } m \text{ の倍数}$$

と定めると，$\sim$ は $\boldsymbol{Z}$ における同値関係となる．また，$\boldsymbol{Z}$ の $\sim$ による商集合 $\boldsymbol{Z}/\sim$ の任意の元 $\bar{i}$ と $\bar{j}$ に対し，

$$\bar{i} \oplus \bar{j} = \overline{i+j},\ \ \bar{i} \otimes \bar{j} = \overline{i \cdot j}$$

と演算 $\oplus, \otimes$ を定めると，これは well-defined である．そして，$\boldsymbol{Z}/\sim$ において演算 $\oplus$ と $\otimes$ は，それぞれ結合法則と交換法則が成り立ち，

$$\bar{0} \oplus \bar{i} = \bar{i} \oplus \bar{0} = \bar{i}$$
$$\bar{1} \otimes \bar{i} = \bar{i} \otimes \bar{1} = \bar{i}$$

も成り立つ．

そこで以後，$\boldsymbol{Z}/\sim$ を $\boldsymbol{Z}/m\boldsymbol{Z}$ と書くと，$\boldsymbol{Z}/m\boldsymbol{Z}$ は，$\oplus$ に関して $\bar{0}$ を零元とする位数 m の加法群になる．この場合，$\bar{i}$ の逆元は $\overline{-i}$ である．しかしながら，$(\boldsymbol{Z}/m\boldsymbol{Z}) - \{\bar{0}\}$ が $\bar{1}$ を単位元として $\otimes$ に関して群になるとは限らない．なぜならば，

$m=6$ のとき，たとえば

$$\bar{2} \otimes \bar{1} = \bar{2},\ \ \bar{2} \otimes \bar{2} = \bar{4},\ \ \bar{2} \otimes \bar{3} = \bar{0},\ \ \bar{2} \otimes \bar{4} = \bar{2},\ \ \bar{2} \otimes \bar{5} = \bar{4}$$

となるので，$(\boldsymbol{Z}/6\boldsymbol{Z}) - \{\bar{0}\}$ は $\otimes$ に関して演算が定義されないし，

$$\bar{2} \otimes \bar{x} = \bar{1}$$

となる $\bar{x}$ も存在しないからである．

ところが，$m=p$（素数）となる場合は別で，このとき $(\boldsymbol{Z}/p\boldsymbol{Z})-\{\overline{0}\}$ は以下のようにして，$\otimes$ に関して $\overline{1}$ を単位元とする位数 $p-1$ の可換群になることが分かる．

まず，$(\boldsymbol{Z}/p\boldsymbol{Z})-\{\overline{0}\}$ の元 $\overline{i}, \overline{j}$ をとると，i, j は p の倍数ではない．それゆえ ij も p の倍数ではないので，$\overline{i}\otimes\overline{j}$ は $(\boldsymbol{Z}/p\boldsymbol{Z})-\{\overline{0}\}$ の元である．すなわち，$(\boldsymbol{Z}/p\boldsymbol{Z})-\{\overline{0}\}$ において演算 $\otimes$ が定義される．

残るは逆元の存在性であるが，$(\boldsymbol{Z}/p\boldsymbol{Z})-\{\overline{0}\}$ の任意の元 $\overline{i}$ に対し，集合

$$X=\{\overline{i}\otimes\overline{1},\ \overline{i}\otimes\overline{2},\ \overline{i}\otimes\overline{3},\ \cdots,\ \overline{i}\otimes\overline{p-1}\}$$

を考えてみよう．$1\leq j<h\leq p-1$ となる整数 j, h に対し，もし

$$\overline{i}\otimes\overline{j}=\overline{i}\otimes\overline{h}$$

となれば，

$$\overline{ij}=\overline{ih}$$

となるので，

$$ih-ij=i(h-j)$$

は p の倍数になる．上式で，i も $h-j$ も p の倍数ではないので，これは矛盾である．よって，

$$\overline{i}\otimes\overline{j}\neq\overline{i}\otimes\overline{h}$$

となり，$(\boldsymbol{Z}/p\boldsymbol{Z})-\{\overline{0}\}$ の部分集合 X は $p-1$ 個の元からなる．それゆえ

$$|X|=|(\boldsymbol{Z}/p\boldsymbol{Z})-\{\overline{0}\}|$$

となるから，

$$X=(\boldsymbol{Z}/p\boldsymbol{Z})-\{\overline{0}\}$$

を得る．したがって，1 以上 $p-1$ 以下のある整数 k に対して，

$$\bar{i} \otimes \bar{k} = \bar{1}$$

となる．これによって，逆元の存在性が示せたことになる．

（説明終り）

ここで，群における基礎的な性質を一つ証明しておこう．

定理 1.4.1　演算 $*$ が定義されている群 G において，単位元は 1 つだけであり，また各元 a に対して a の逆元も 1 つだけである．

証明　e と e' を G の単位元とすると，

$$e = e * e' = e'$$

が成り立つ．また，b と c を a の逆元とすると，

$$b = b * e = b * (a * c) = (b * a) * c = e * c = c$$

が成り立つ．

（証明終り）

次に，環と体の定義をまとめて述べよう．

空でない集合 R に 2 つの演算である加法 $\oplus$ と乗法 $\otimes$ が定義されていて条件 (i), (ii), (iii), (iv) を満たすとき，R は環であるという．さらに，(v) も合わせて満たすならば，R は可換環であるという．

(i) R は $\oplus$ に関して 0 を零元とする加法群である．

(ii) R は $\otimes$ に関して結合法則が成り立つ．

(iii) R は分配法則が成り立つ．すなわち，R の任意の元 a, b, c に対し，

$$a \otimes (b \oplus c) = a \otimes b \oplus a \otimes c, \quad (a \oplus b) \otimes c = a \otimes c \oplus b \otimes c$$

が成り立つ（$\otimes$ は $\oplus$ より結び付きが強い）．

(iv) R は 0 と異なる元 1 をもち，R の任意の元 a に対し，

$$1\otimes a=a\otimes 1=a$$

が成り立つ．この1をRの乗法に関する単位元，あるいは単に単位元という．

（v）Rは$\otimes$に関しても交換法則が成り立つ．

なお本書とは異なって，環の定義から（iv）を除く立場も一部にあることを注意しておく．また上の定義では，加法と乗法の演算をあえて$\oplus$と$\otimes$という記号で表したが，それはあくまでも初学者が混乱しないために用いたものである．普通は，$\oplus$を$+$で，$\otimes$を$\cdot$あるいは省略して表すのであり，本書でもこれ以降はその書式に従うものとする．

環についての定義を続ける形で，体の定義を述べよう．

可換環Rについて，$R-\{0\}$が乗法に関して1を単位元とする群になるならば，Rは体であるという．また，Rが単に環であって，$R-\{0\}$が乗法に関して1を単位元とする群になるならば，Rをとくに斜体という．

体Rといえば乗法に関して交換法則が成り立つものであるが，とくにそれを強調するときは，体を可換体ということもある．この点が，環と可換環に対する表現と異なることであり，注意していただきたい．

例 1.4.5（環と体の例）

（1）整数全体の集合$\boldsymbol{Z}$は，和$+$を加法，積$\cdot$を乗法として可換環である．とくに$\boldsymbol{Z}$を有理整数環という．

（2）有理数全体の集合$\boldsymbol{Q}$，実数全体の集合$\boldsymbol{R}$，複素数全体の集合$\boldsymbol{C}$は，和$+$を加法，積$\cdot$を乗法としてどれも体になる．とくにそれらを順に，有理数体，実数体，複素数体という．

（3）各成分を実数とする2次正方行列全体の集合

$$M=\left\{\begin{pmatrix} a & b \\ c & d \end{pmatrix} \middle| a,b,c,d\in\boldsymbol{R}\right\}$$

は，和$+$を加法，積$\cdot$を乗法とする環である．

Mの零元は2次零行列Oであり，Mの単位元は2次単位行列Eである．なお，Mは積に関して交換法則が成り立たないので，Mは可換環ではない．

(4) 例 1.4.4(8) で述べたことから,

$$K=\{a+b\sqrt{2}\mid a,b\in\boldsymbol{Q}\}$$

は, 和$+$を加法, 積$\cdot$を乗法とする体である.

(5) 例 1.4.4(9) を参考にして, $\boldsymbol{Z}/m\boldsymbol{Z}$ は, $\oplus$ を加法, $\otimes$ を乗法, $\bar{0}$を零元, $\bar{1}$を単位元として可換環になることが分かる. それを示すためには, 分配法則を確かめればよい.

$\boldsymbol{Z}/m\boldsymbol{Z}$ の任意の元$\bar{i},\bar{j},\bar{h}$に対し,

$$\begin{aligned}\bar{i}\otimes(\bar{j}\oplus\bar{h})&=\bar{i}\otimes\overline{j+h}\\&=\overline{i(j+h)}\\&=\overline{ij+ih}\\&=\overline{ij}\oplus\overline{ih}\\&=\bar{i}\otimes\bar{j}\oplus\bar{i}\otimes\bar{h}\end{aligned}$$

が成り立つ. 同様にして,

$$(\bar{i}\oplus\bar{j})\otimes\bar{h}=\bar{i}\otimes\bar{h}\oplus\bar{j}\otimes\bar{h}$$

が成り立つことも示せるので, $\boldsymbol{Z}/m\boldsymbol{Z}$ において分配法則が成り立つ.

なお, $\boldsymbol{Z}/m\boldsymbol{Z}$ を $\boldsymbol{Z}_m$ という形で書く記法もあり, 今後はそれを用いることにする. とくに, m が素数 p に等しいとき, 例 1.4.4 の (9) の後半で示したことから $\boldsymbol{Z}_p$ は体になる.

(6) 可換環 R の元を係数とする文字 x の整式

$$f(x)=a_nx^n+a_{n-1}x^{n-1}+\cdots+a_1x+a_0\quad(a_i\in R)$$

を x に関する R 上の多項式という. とくに $a_n\neq0$ のとき, n を $f(x)$ の次数といい, $f(x)$ を n 次多項式という. ここで, 文字 x を不定元または変数という. そして, x に関する R 上の多項式全体を $R[x]$ で表す. 上の $f(x)$ において

$$a_n=a_{n-1}=\cdots=a_2=a_1=0$$

の場合に注目すると，

$$R[x] \supseteq R$$

であることに留意する（この点が高校数学の学習指導要領と異なる）．$f(x)=a_0$ で $a_0 \neq 0$ のとき，$f(x)$ の次数は0であるが，$f(x)=a_0=0$ のとき $f(x)$ の次数は形式的に $-\infty$（マイナス無限大）とする．また $1x^i$ なる項は x^i と書き，$0x^i$ なる項は省略する等々のことは，高校までの数学と同じである．

$R[x]$ の元

$$f(x)=a_m x^m + a_{m-1}x^{m-1} + \cdots + a_1 x + a_0$$
$$g(x)=b_n x^n + b_{n-1}x^{n-1} + \cdots + b_1 x + b_0$$

に対し，それらの加法および乗法をそれぞれ次のように定める．

m と n の大きい方を t とし（m と n が等しい場合も含める），

$t>m$ ならば　$a_t = a_{t-1} = \cdots = a_{m+1} = 0$

$t>n$ ならば　$b_t = b_{t-1} = \cdots = b_{n+1} = 0$

というように，0の係数を適当に追加することによって，$f(x)$ と $g(x)$ を

$$f(x)=a_t x^t + a_{t-1}x^{t-1} + \cdots + a_1 x + a_0$$
$$g(x)=b_t x^t + b_{t-1}x^{t-1} + \cdots + b_1 x + b_0$$

と書き直す．そして，以下のように定める．

$$f(x)+g(x)=\sum_{i=0}^{t}(a_i+b_i)x^i$$

$$f(x)\cdot g(x)=\sum_{i=0}^{m+n} c_i x^i,\text{ ただし}$$

$$c_i = \sum_{j+k=i} a_j b_k$$
$$= a_i b_0 + a_{i-1} b_1 + \cdots + a_1 b_{i-1} + a_0 b_i$$

上のように定めることにより，高校数学で学んだことを用いて，$R[x]$

が可換環になることは易しく分かり，これを x に関する R 上の多項式環という．なお，$R[x]$ の零元は R の零元 0 であり，$R[x]$ の単位元は R の単位元 1 である．

(7) 実数体 $\boldsymbol{R}$ の部分集合

$$K=\{a+b\sqrt{2}+c\sqrt{3}+d\sqrt{6}\mid a,b,c,d\in\boldsymbol{Q}\}$$

は体になることが，以下のようにして分かる．

まず，$\boldsymbol{R}$ で成り立つ結合法則，交換法則，分配法則は，その部分集合である K においても成り立つ．いま

$$T=\{a+b\sqrt{2}\mid a,b\in\boldsymbol{Q}\}$$

とおくと，(4) から T は体である．また，$\sqrt{3}$ が T の元でないことは，

$$\sqrt{3}=a+b\sqrt{2}$$

とおいて考えれば易しく分かる．そして，0 と 1 は

$$K=\{a+b\sqrt{2}+c\sqrt{3}+d\sqrt{6}\mid a,b,c,d\in\boldsymbol{Q}\}$$

の元であり，K が加法群であることは明らかである．また，K は演算としての積・も定義されているので，K は可換環になる．それゆえ題意を示すためには，$K-\{0\}$ において積・に関する逆元が存在することを示せばよい．

$K-\{0\}$ の任意の元

$$\alpha=a+b\sqrt{2}+c\sqrt{3}+d\sqrt{6}=a+b\sqrt{2}+\sqrt{3}(c+d\sqrt{2})$$

をとると，$c+d\sqrt{2}=0$ のときは $\alpha\in T$ となるので，

$$\alpha^{-1}\in T\subseteq K$$

である．そこで，$c+d\sqrt{2}\neq 0$ を仮定して考えることにする．いま，

$$\beta=a+b\sqrt{2}-\sqrt{3}(c+d\sqrt{2})$$

とおくと，$\sqrt{3}\notin T$ より $\beta\neq 0$ である．そして，

$$\alpha\beta=(a+b\sqrt{2})^2-3(c+d\sqrt{2})^2\in T$$

となるので，T の 0 でないある元 γ があって，

$$\alpha\beta\gamma=1$$

となる．ここで，$\beta\gamma$ は K の元となるので，α は $K-\{0\}$ において逆元をもつ．

（説明終り）

最後に，可換環 R の元を係数とする文字 $x_1, x_2, \cdots, x_n$ に関する R 上の多項式全体を $R[x_1, x_2, \cdots, x_n]$ で表すと，これも可換環になって，同じく R 上の多項式環という．

第2章
群

2.1 部分群と巡回群

群 G の部分集合 H $(H \neq \phi)$ が G と同じ演算に関して群になるとき，H を G の部分群という．さらに $H \neq G$ であるとき，H を G の真部分群という．G 自身および単位元 e のみからなる部分群 $\{e\}$ は明らかに G の部分群であり，それらを G の自明な部分群という．また，$\{e\}$ を単位群という．

定理 2.1.1 群 G の部分集合 H $(H \neq \phi)$ が (i) と (ii) を満たすとき，H は G の部分群となる．

(i) $x, y \in H \Rightarrow xy \in H$

(ii) $x \in H \Rightarrow x^{-1} \in H$

証明 結合法則は G で成り立つゆえ，H でも成り立つ．また (i) は，H で演算が閉じていることを意味する．H の1つの元 a をとれば，(ii) より a^{-1} も H の元となる．よって (i) より，

$$H \ni aa^{-1} = e$$

となるから，単位元も H の元となる．

（証明終り）

定理 2.1.2 H_λ $(\lambda \in \Lambda)$ を群 G の部分群とすると，$\bigcap_{\lambda \in \Lambda} H_\lambda$ も G の部分群である．

証明 x, y を $\bigcap_{\lambda \in \Lambda} H$ の任意の元とすると，すべての λ について，x, y は H_λ の元である．よって，すべての λ について $xy,\ x^{-1} \in H_\lambda$ となるので，

$$xy,\ x^{-1} \in \bigcap_{\lambda \in \Lambda} H_\lambda$$

が成り立つ．したがって前定理より，本定理は証明されたことになる．

（証明終り）

集合 Ω 上の対称群 S^{Ω} の部分群 G を Ω 上の置換群という．$|\Omega|=n$ のとき，G を次数 n の置換群という．

例 2.1.1　$\Omega=\{1,2,3,4\}$ のとき，$\{e, (1\ 2\ 3\ 4), (1\ 3)(2\ 4), (1\ 4\ 3\ 2)\}$ と $\{e, (1\ 2)(3\ 4), (1\ 3)(2\ 4), (1\ 4)(2\ 3)\}$ はともに位数 4 の Ω 上の置換群であり，$\{e, (1\ 2\ 3\ 4), (1\ 3)(2\ 4), (1\ 4\ 3\ 2), (1\ 3), (1\ 4)(2\ 3), (2\ 4), (1\ 2)(3\ 4)\}$ は位数 8 の Ω 上の置換群である（写像の合成記号 $\circ$ は省略することもある）．

群においては結合法則が成り立つので，演算の順序を変えても演算を行う元の前後の並べ方を変えなければ演算結果は同一である．実際，群 G の元 $a_1, a_2, \cdots, a_m$ に対して，

$$(\cdots\cdots(((a_1 a_2) a_3) a_4)\cdots a_m)=\cdots=(a_1\cdots(a_{m-3}(a_{m-2}(a_{m-1} a_m)))\cdots)$$

が成り立つ．それゆえ，上式に示された G のどの元も $a_1 a_2 \cdots a_m$ で表してよいのである．そして，G の元 x と自然数 n に対して，

$$x^n=\underbrace{xx\cdots x}_{n\text{個}},\quad x^{-n}=\underbrace{x^{-1}x^{-1}\cdots x^{-1}}_{n\text{個}},\quad x^0=e$$

と定める．これによって整数 r, s に対して，

$$x^{r+s}=x^r x^s,\quad (x^r)^s=x^{rs}$$

が一般に成り立つ．

群 G の部分集合 S に対して，

$$\langle S\rangle=\{x_1^{r_1} x_2^{r_2}\cdots x_m^{r_m} \mid x_i\in S,\ r_i \text{は整数}\}$$

とおくと，これは G の部分群になる．なぜならば，$x_1^{r_1}x_2^{r_2}\cdots x_m^{r_m}$ と $y_1^{s_1}y_2^{s_2}\cdots y_n^{s_n}$ を $\langle S\rangle$ の元とすると，$x_1^{r_1}x_2^{r_2}\cdots x_m^{r_m}y_1^{s_1}y_2^{s_2}\cdots y_n^{s_n}$ も $x_m^{-r_m}x_{m-1}^{-r_{m-1}}\cdots x_2^{-r_2}x_1^{-r_1}$ も $\langle S\rangle$ の元である（定理 2.1.1 参照）．これを S で生成された G の部分群という．なお $S=\{a_1, a_2, \cdots, a_n\}$ のとき，$\langle S\rangle$ を $\langle a_1, a_2, \cdots, a_n\rangle$ とも書く．とくに $S=\{a\}$ のとき，$S=\{a\}$ を a で生成される巡回群といい，a

をその生成元という．明らかに

$$\langle a \rangle = \{a^m \mid m \in \boldsymbol{Z}\}$$

が成り立ち，その位数 $|\langle a \rangle|$ を a の位数といい，$|a|$ で表す．そして $|a| = n < \infty$ のとき，

$$\langle a \rangle = \{1, a, a^2, \cdots, a^{n-1}\}$$

である．

例 2.1.2　$\Omega = \{1, 2, \cdots, n\}$ のとき，

$$a = (1, 2, \cdots, n), \quad b = (1 \quad 2)$$

とおくと，

$$S^\Omega = \langle a, b \rangle$$

が成り立つ．

なぜならば，

$$aba^{-1} = (2 \quad 3), \quad a^2ba^{-2} = (3 \quad 4), \cdots, \quad a^{n-2}ba^{-n+2} = (n-1 \quad n)$$

であるから，

$$(1 \quad 2), (2 \quad 3), (3 \quad 4), \cdots, (n-1 \quad n) \in \langle a, b \rangle$$

したがって，定理 1.2.2 を用いて

$$S^\Omega = \langle a, b \rangle$$

を得る．

（説明終り）

次の定理は巡回群の性質を述べたものであるが，次節では逆に巡回群を

特徴付ける定理を述べる．

定理 2.1.3 位数 n の巡回群 $G=\langle a\rangle$ において，任意の部分群は巡回群となり，n の任意の約数 m に対して，位数 m の部分群はただ 1 つ存在する．

証明 G の部分群 $H\neq\{e\}$ に対して，$a^i\in H$ となる自然数 i のうちで最小のものを改めて i とおく．H の任意の元 a^j に対して，

$$j=ir+s \quad (0\leq s\leq i-1)$$

となる整数 r, s をとると，

$$a^s=a^{j-ir}=a^j\cdot(a^i)^{-r}\in H$$

となる．ここで i の最小性を用いると，$s=0$ を得る．よって $H=\langle a^i\rangle$ が成り立つ．

次に，$|a^{n/m}|=m$ であるので，G には位数 m の部分群 $\langle a^{n/m}\rangle$ が存在する．さらに K を位数 m の任意の部分群とし，$a^k\in K$ となる自然数 k のうちで最小のものを改めて k とおくと，j を i で割った余り s が 0 になった上の議論と同様に考えて，$K=\langle a^k\rangle$ および $k|n$（n は k の倍数）が分かる．（K の任意の元を a^h とするとき（$h\geq 0$），h を k で割ったり，n を k で割ったりして考える．）したがって，

$$\frac{n}{k}=|K|=m$$

から $k=\dfrac{n}{m}$ が成り立つので，K の一意性が示された．

（証明終り）

2.2 剰余類

群 G の部分集合 S, T と群 G の元 a, b に対して，

$$ST = \{xy \mid x \in S, y \in T\}, \quad S^{-1} = \{x^{-1} \mid x \in S\}$$
$$aS = \{ax \mid x \in S\}, \quad Sb = \{xb \mid x \in S\}$$

とおく．明らかに

$$|S| = |aS| = |Sb|$$

は成り立つ．

群 G の部分群 H に対して，G の元 a, b の間の関係 $\sim$ を

$$a \sim b \Leftrightarrow ab^{-1} \in H$$

によって定める．

$$aa^{-1} = e \in H, \quad (ab^{-1})^{-1} = ba^{-1}$$

が成り立ち，さらに

$$ab^{-1}, \quad bc^{-1} \in H \quad \text{のとき}$$

$$ac^{-1} = (ab^{-1})(bc^{-1}) \in H$$

となるので，$\sim$ は G における同値関係となる．G の $\sim$ による各同値類は Hg $(g \in G)$ という形で表され，それを G における H の左剰余類という．H の左剰余類全体からなる集合を $H \backslash G$ で表し，$H \backslash G$ の各元から1つずつ代表元を取り出してできる集合を G における H の左代表系という．$\{x_\nu \mid \nu \in I\}$ を G における H の左代表系とすると，

$$G = \bigcup_{\nu \in I} Hx_\nu \qquad \text{（直和）}$$

となる．

一方，G の元 a, b の間の関係 $\sim$ を

$$a \sim b \Leftrightarrow a^{-1}b \in H$$

によって定めると，$\sim$ も G における同値関係となる．この場合，$\sim$ によ

る各同値類は $gH\ (g\in G)$ という形で表され，それを G における H の右剰余類という．H の右剰余類全体からなる集合を G/H で表し，G における H の右代表系も左代表系と同じように定める．いま，H の逆元全体の集合 H^{-1} は H と等しく，

$$Ha=Hb \Leftrightarrow a^{-1}H^{-1}=b^{-1}H^{-1} \Leftrightarrow a^{-1}H=b^{-1}H$$

となるので，$\{x_\nu \mid \nu\in I\}$ が G における H の左代表系ならば，$\{x_\nu{}^{-1} \mid \nu\in I\}$ は G における H の右代表系となる．したがって，このとき

$$G=\bigcup_{\nu\in I} x_\nu{}^{-1}H \quad （直和）$$

が成り立つ．なお，剰余類や代表系の前にある「左」と「右」の扱いは本によって異なることもあるので，注意していただきたい．

以上から $|H\backslash G|=|G/H|$ を得るが，この値を G における H の指数といい，$|G:H|$ で表す．そして，次の定理を得る．

定理 2.2.1（ラグランジュの定理） 有限群 G とその部分群 H に対して，

$$|G|=|G:H|\cdot|H|$$

が成り立つ．とくに G の任意の元 a に対して，

$$|a|\,\big|\,|G| \quad (|G| は |a| の倍数),\quad a^{|G|}=e$$

が成り立つ．

集合 Ω 上の置換群 G と Ω の元 α に対して，

$$G_\alpha=\{g\in G \mid g(\alpha)=\alpha\}$$

とおくと，G_α は G の部分群となり，これを G における α の固定部分群という．そして

$$G(\alpha)=\{g(\alpha) \mid g\in G\}$$

とおくことにより，次の定理を得る．

定理 2.2.2　有限集合 Ω 上の置換群 G と Ω の元 α に対して，

$$|G|=|G(\alpha)|\cdot|G_\alpha|$$

が成り立つ．

証明　定理 2.2.1 より

$$|G|=|G:G_\alpha|\cdot|G_\alpha|$$

を得る．ここで，G の元 g, h に対して，

$$\begin{aligned} g(\alpha)=h(\alpha) &\Leftrightarrow h^{-1}g(\alpha)=\alpha \\ &\Leftrightarrow h^{-1}g\in G_\alpha \\ &\Leftrightarrow g\in hG_\alpha \\ &\Leftrightarrow gG_\alpha=hG_\alpha \end{aligned}$$

なので，

$$|G(\alpha)|=|G:G_\alpha|$$

が成り立ち，結論を得る．

（証明終り）

例 2.2.1　例 1.4.4 の (5) で述べたように，正 n 角形の合同変換群 G は，頂点集合 Ω 上の置換群と見なせる．α を 1 つの頂点とすると，

$$|G(\alpha)|=n,\quad |G_\alpha|=2$$

であるので，定理 2.2.2 により $|G|=2n$ が確かめられる．なお G を，n 次の二面体群という．

例 2.2.2　正多面体をそれ自身に移す合同変換全体は群になり，それを正多面体の合同変換群という．任意の正多面体に対してその頂点集合を Ω

とすると，その合同変換群 G は Ω 上の置換群と見なすことができ，G は次の性質をもつ：Ω の任意の元 α, β に対して，$g(\alpha)=\beta$ となる $g \in G$ が存在する．

この性質および定理2.2.2を使うことによって，以下を得る（下図参照）．

正4面体の合同変換群の位数 $=4 \cdot 3=12$
正6面体の合同変換群の位数 $=8 \cdot 3=24$
正8面体の合同変換群の位数 $=6 \cdot 4=24$
正12面体の合同変換群の位数 $=20 \cdot 3=60$
正20面体の合同変換群の位数 $=12 \cdot 5=60$

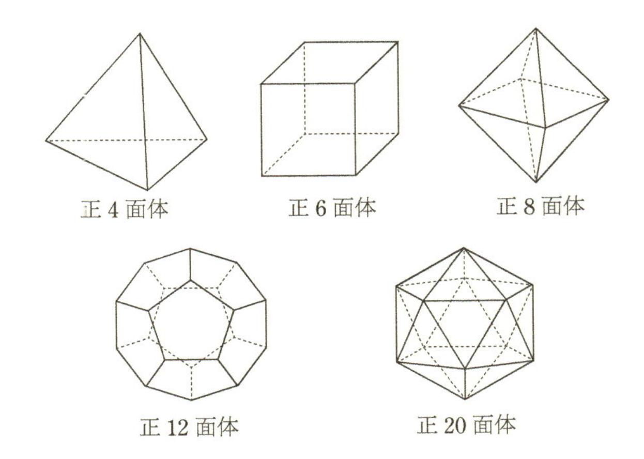

ここで，巡回群を特徴付ける定理を述べよう．

定理 2.2.3　有限可換群 G の位数を g とし，g の任意の約数 n について，$x^n=e$（単位元）を満たす元 $x \in G$ の個数が n 以下とする．このとき，G は巡回群となる．

証明　いま，$W=\langle w \rangle$ を位数 g の巡回群とする．たとえば，複素数平面上で

$$W=\left\{\cos\frac{2\pi h}{g}+i\sin\frac{2\pi h}{g} \mid h=1,2,\cdots,g\right\},\quad w=\cos\frac{2\pi}{g}+i\sin\frac{2\pi}{g}$$

を想像してもよいだろう．

g の各約数 n に対し，

$$X_n=\{a\in G \mid |a|=n\},\quad Y_n=\{u\in W \mid |u|=n\}$$

とおくと，

$$\bigcup_{n|g} X_n=G,\quad \bigcup_{n|g} Y_n=W \quad (n \text{ は } g \text{ の約数を動く})$$

のように，どちらも直和の形で表される（ラグランジュの定理）．したがって，

$$\sum_{n|g}|X_n|=|G|=|W|=\sum_{n|g}|Y_n|$$

を得る．そこで $|Y_g|\geq 1$ であるので，もし $|X_g|=0$ とすると，g のある約数 $m\,(1<m<g)$ があって，$|X_m|>|Y_m|$ となる．

いま X_m の元 b をとると，$b, b^2, \cdots, b^{m-1}, b^m=e$ のうちで X_m に属するのは，b^q (q と m は互いに素）という元のみである．そのことは Y_m に関しても同じで，Y_m の元 c をとると，$c, c^2, \cdots, c^{m-1}, c^m=e$ のうちで Y_m に属するのは，c^q (q と m は互いに素）という元のみである．

したがって $|X_m|>|Y_m|$ であるので，b^q 以外の X_m の元 d が存在することになる．これは，$x^m=e$ を満たす元 $x\in G$ の個数が m より多くなることを意味して矛盾である．

よって $|X_g|\geq 1$ となるが，これは G が巡回群であることを意味している．

（証明終り）

2.3 正規部分群と剰余群

群 G の部分群 H と G の部分集合 S, T に対して，

$$x^{-1}Sx=T$$

となる H の元 x があるとき，S と T は H で共役あるいは H-共役であるという．とくに G で共役であるときは，単に共役であるともいう．

定理 2.3.1　G を集合 Ω 上の置換群とし，Ω の元 α, β に対して $g(\alpha)=\beta$ となる G の元 g があるとする．このとき，固定部分群 G_α と G_β は共役である．

証明　G_β の任意の元 h に対して，$g^{-1}hg(\alpha)=\alpha$ となるから，

$$g^{-1}G_\beta g \subseteq G_\alpha$$

が成り立つ．逆に G_α の任意の元 x に対して，$gxg^{-1}(\beta)=\beta$ であるから，$gxg^{-1} \in G_\beta$ である．よって，$x=g^{-1}(gxg^{-1})g \in g^{-1}G_\beta g$，それゆえ

$$g^{-1}G_\beta g \supseteq G_\alpha$$

が成り立つ．したがって，$g^{-1}G_\beta g=G_\alpha$ となり，G_α と G_β は共役である．

（証明終り）

G を群，H を G の部分群とするとき，G のすべての元 g に対し，

$$Hg=gH \quad \cdots\cdots ①$$

が成り立つとき，H を G の正規部分群という．なお①式は，次の②式あるいは③式に取り替えても同じことである．

$$g^{-1}Hg=H \quad \cdots\cdots ② \qquad gHg^{-1}=H \quad \cdots\cdots ③$$

群をその正規部分群で割ったイメージをもつ剰余群という概念によって，重要な働きをする群を新たに作ることができる．この導入が本節の主目標である．

いま G が可換群，H が G の部分群ならば，G のすべての元 g と H のすべての元 h に対し

$$hg=gh$$

が成り立ち，それゆえ

$$Hg=gH$$

となるので，H は G の正規部分群である．

群 G において，単位元 e だけからなる単位群 $\{e\}$ と G 自身は G の正規部分群であり，それらを自明な正規部分群という．群 G が自明でない正規部分群をもたないとき，G を単純群という．$n \geq 5$ のとき交代群 A_n は単純群であり，これについては次節で証明する．

例 2.3.1　素数位数の群 G は単純群であることを説明しよう．

G の位数を p とし，G の単位元 e と異なる任意の元 a をとると，ラグランジュの定理より a で生成された巡回群 $\langle a \rangle$ の位数は p の約数である．ここで $\langle a \rangle$ の位数は 2 以上なので，$\langle a \rangle$ の位数は p，それゆえ $G = \langle a \rangle$ でなければならない．これは，G の単位群でない部分群は G 自身であることを意味している．

（説明終り）

例 2.3.2　G を $\{1, 2, 3, 4\}$ 上の対称群，N を

$$N = \{e, (1\quad 2)(3\quad 4), (1\quad 3)(2\quad 4), (1\quad 4)(2\quad 3)\}$$

で与えられる G の部分群とする．このとき，N は G の正規部分群である．

例 2.3.3　$\Omega = \{1, 2, \cdots, n\}$ 上の n 次交代群 A_n は，Ω 上の n 次対称群 S_n の正規部分群である．

上の 2 つの例を説明するために，ここで以下の 2 つの定理を先に証明しよう．

定理 2.3.2　集合 Ω 上の長さ t の巡回置換 $(\alpha_1\ \alpha_2\ \alpha_3\ \cdots\ \alpha_t)$ と Ω 上の任意の置換 g に対し，

$$g(\alpha_1\ \alpha_2\ \alpha_3 \cdots \alpha_t)g^{-1} = (g(\alpha_1), g(\alpha_2), g(\alpha_3), \cdots, g(\alpha_t))$$

が成り立つ．

証明

$$g(\alpha_1\ \alpha_2\ \alpha_3\ \cdots \alpha_t)g^{-1}(g(\alpha_i)) = g(\alpha_1\ \alpha_2\ \alpha_3\ \cdots \alpha_t)(\alpha_i) = \begin{cases} g(\alpha_{i+1})\ (i \leq t-1) \\ g(\alpha_1)\ (i=t) \end{cases}$$

である．一方，$\Omega - \{g(\alpha_1), g(\alpha_2), \cdots, g(\alpha_t)\}$ の任意の元 $g(\beta)$ に対し，すなわち $\Omega - \{\alpha_1, \alpha_2, \cdots, \alpha_t\}$ の任意の元 β に対し，次式が成り立つ．

$$g(\alpha_1\ \alpha_2 \cdots \alpha_t)g^{-1}(g(\beta)) = g(\alpha_1\ \alpha_2 \cdots \alpha_t)(\beta) = g(\beta)$$

（証明終り）

定理 2.3.3　群 G の部分群 H が，G のすべての元 g について

$$g^{-1}Hg \subseteq H$$

を満たすならば，H は G の正規部分群である．

証明　G の任意の元 g に対し，g^{-1} も G の元なので，仮定より

$$(g^{-1})^{-1}Hg^{-1} \subseteq H$$
$$gHg^{-1} \subseteq H$$

となる．よって，

$$g^{-1}(gHg^{-1})g \subseteq g^{-1}Hg$$
$$H \subseteq g^{-1}Hg$$

となる．したがって，上式と仮定から

$$g^{-1}Hg = H$$

が成り立つので，②より H は G の正規部分群である．

（証明終り）

例 2.3.2 の説明　G の元のうち，

$$(\alpha \quad \beta)(\gamma \quad \delta) \quad (\{\alpha, \beta, \gamma, \delta\} = \{1, 2, 3, 4\})$$

という形をした元はすべて N の元である．また定理 2.3.2 より，G の任意の元 g と N の任意の元 $(\alpha \quad \beta)(\gamma \quad \delta)$ に対し，

$$\begin{aligned} g(\alpha \quad \beta)(\gamma \quad \delta)g^{-1} &= (g(\alpha \quad \beta)g^{-1})(g(\gamma \quad \delta)g^{-1}) \\ &= (g(\alpha)\,g(\beta))(g(\gamma)\,g(\delta)) \end{aligned}$$
$$\{g(\alpha), g(\beta), g(\gamma), g(\delta)\} = \{1, 2, 3, 4\}$$

が成り立つので，$g(\alpha \quad \beta)(\gamma \quad \delta)g^{-1}$ は N の元である．よって

$$gNg^{-1} \subseteq N$$

となるので，定理 2.3.3 より N は G の正規部分群である．

（説明終り）

例 2.3.3 の説明　S_n の任意の元 g と A_n の任意の元

$$x = (\alpha_1 \quad \beta_1)(\alpha_2 \quad \beta_2)\cdots(\alpha_t \quad \beta_t)$$

に対し（t：偶数），上の例と同様にして

$$gxg^{-1} = (g(\alpha_1)\,g(\beta_1))(g(\alpha_2)\,g(\beta_2))\cdots(g(\alpha_t)\,g(\beta_t))$$

を得るので，gxg^{-1} は偶置換である．よって，

$$gA_ng^{-1} \subseteq A_n$$

が成り立つので，定理 2.3.3 より A_n は S_n の正規部分群である．

（説明終り）

さて，H が群 G の正規部分群であるとき，G における H の左剰余類全体からなる集合と右剰余類全体からなる集合は同じである．そして G の任意の元 x, y に対して，

$$(Hx)(Hy)=H\{x(Hy)\}=H\{(xH)y\}=H(Hx)y=(Hx)y=H(xy)$$

となる．これから，任意の剰余類 $Hx=Hx'$ と $Hy=Hy'$ に対して $Hxy=Hx'y'$，すなわち剰余類 Hxy が一意的に定まることを意味している．

この演算によって，剰余類全体からなる集合は群になることが以下のようにして分かり，これを G の正規部分群 H による剰余群といい，記法として G/H で表す．

G の任意の元 x, y, z に対し，

$$((Hx)(Hy))(Hz)=(Hxy)(Hz)=Hxyz$$
$$(Hx)((Hy)(Hz))=(Hx)(Hyz)=Hxyz$$

であるから結合法則が成り立つ．

G の任意の元 x に対し，

$$H(Hx)=Hx$$
$$(Hx)H=(xH)H=xH=Hx$$

であるから，H が単位元になる．

G の任意の元 x に対し，

$$(Hx)(Hx^{-1})=Hxx^{-1}=H$$
$$(Hx^{-1})(Hx)=Hx^{-1}x=H$$

であるから，Hx^{-1} は Hx の逆元になる．

ここで剰余群の例を挙げるために，

$$G=\{A \mid A \text{ に } \boldsymbol{R} \text{ の元を係数とする } n \text{ 次正則行列}\}$$

を考えると，G は群である．G は一般に $GL(n, \boldsymbol{R})$ と書いて，$\boldsymbol{R}$ 上の n 次一般線形群と呼ぶ．また，G の部分集合

$$H=\{A \mid A\in GL(n, \boldsymbol{R}),\ |A|=1\ (A \text{ の行列式が } 1)\}$$

を考えると，これは G の部分群である．なぜならば，H の任意の元 A, B

に対し，

$$|AB|=|A|\cdot|B|=1\cdot 1=1,\quad |A^{-1}|\cdot|A|=|A^{-1}A|=1$$

が成り立つから，$AB, A^{-1}\in H$ である．

H は一般に $SL(n, \boldsymbol{R})$ と書いて，$\boldsymbol{R}$ 上の n 次特殊線形群という．さらに，$GL(n, \boldsymbol{R})$ の任意の元 X と，$SL(n, \boldsymbol{R})$ の任意の元 A に対して

$$\begin{aligned}|X^{-1}AX|&=|X^{-1}|\cdot|A|\cdot|X|\\&=|X^{-1}|\cdot|X|\\&=|X^{-1}X|=1\end{aligned}$$

であるから，$X^{-1}AX$ は $SL(n, \boldsymbol{R})$ の元である．よって，定理 2.3.3 より，$SL(n, \boldsymbol{R})$ は $GL(n, \boldsymbol{R})$ の正規部分群となる．

2.5 節では，

$$GL(n, \boldsymbol{R})/SL(n, \boldsymbol{R})$$

はどのような群になるか，という疑問に答える．

2.4　交代群 A_n の単純性

本節では次の定理の証明を目的とする．なお証明方法は，置換群を全面に出したものである．

定理 2.4.1　$n\geq 5$ のとき，$\Omega=\{1, 2, \cdots, n\}$ 上の交代群 A_n は単純群である．
証明　まず準備として，次の定理を先に証明しよう．

定理 2.4.2　$n\geq 3$ のとき，$\Omega=\{1, 2, \cdots, n\}$ 上の任意の偶置換は，いくつかの長さ 3 の巡回置換の合成として表される．
証明　偶置換は，偶数個の互換の合成置換である．そこで，2 つの互換の合成に注目して，結論が成り立つことを示せばよい．それは，次の 3 つの

型のどれかである．

（ア）$(\alpha \quad \beta)\circ(\alpha \quad \beta)$　（α, β は異なる Ω の元）

（イ）$(\alpha \quad \beta)\circ(\alpha \quad \gamma)$　（α, β, γ は互いに異なる Ω の元）

（ウ）$(\alpha \quad \beta)\circ(\gamma \quad \delta)$　（$\alpha, \beta, \gamma, \delta$ は互いに異なる Ω の元）

（ア）の型の置換は恒等置換 e であり，e は

$$e=(1 \quad 2 \quad 3)\circ(3 \quad 2 \quad 1)$$

というように，2 つの長さ 3 の巡回置換の合成として表される．

（イ）の型の置換はそれ自身

$$(\alpha \quad \beta)\circ(\alpha \quad \gamma)=(\alpha \quad \gamma \quad \beta)$$

というように，1 つの長さ 3 の巡回置換になる．

（ウ）の型の置換は

$$(\alpha \quad \beta)\circ(\gamma \quad \delta)=(\alpha \quad \beta \quad \gamma)\circ(\beta \quad \gamma \quad \delta)$$

というように，2 つの長さ 3 の巡回置換の合成置換として表せる．

（証明終り）

定理 2.4.1 の証明　N を単位群とは異なる A_n の正規部分群とする．N が長さ 3 の巡回置換をもつ，たとえば $(1 \quad 2 \quad 3)$ をもつとする．このとき，Ω の相異なる任意の 3 つの元 α，β，γ に対し，

$$f(\alpha)=1, \quad f(\beta)=2, \quad f(\gamma)=3$$

となる置換 f は S_n にある．もし，その f が奇置換ならば，

$$(4 \quad 5)\circ f$$

を改めて f とおけば，f は偶置換としてよいことになる．このとき，

$$f^{-1}(1 \quad 2 \quad 3)f=(\alpha \quad \beta \quad \gamma)\in N$$

となるので，Nはすべての長さ3の巡回置換をもつことになる．

したがって定理2.4.2により，Nが少なくとも1つの長さ3の巡回置換をもてば，NはA_nと一致することを意味している．そこで以下，gを単位元とは異なるNの元とするとき，Nは長さ3の巡回置換を少なくとも1つもつことを，いくつかの場合に分けて示そう．

Case 1 gの巡回置換分解で，長さ4以上の巡回置換
$(\alpha_1\ \alpha_2\ \cdots\ \alpha_{t-3}\,\alpha_{t-2}\ \alpha_{t-1}\ \alpha_t)$をもつ場合．

A_nには長さ3の巡回置換

$$f=(\alpha_{t-2}\quad \alpha_{t-1}\quad \alpha_t)$$

がある．fgf^{-1}とg^{-1}はともにNの元であるから，$g^{-1}(fgf^{-1})$もNの元である．また，fもgも

$$\Gamma=\{\alpha_1, \alpha_2, \cdots, \alpha_{t-3}, \alpha_{t-2}, \alpha_{t-1}, \alpha_t\}$$

上の置換を引き起こしており，$\Omega-\Gamma$上ではfgf^{-1}とg^{-1}は互いに逆置換の関係（逆元の関係）である．したがって$g^{-1}(fgf^{-1})$は，$\Omega-\Gamma$上では恒等置換である．

一方，Γ上では，定理2.3.2を用いて

$$\begin{aligned}g^{-1}(fgf^{-1})&=g^{-1}\circ(f(\alpha_1)f(\alpha_2)\cdots f(\alpha_{t-3})f(\alpha_{t-2})f(\alpha_{t-1})f(\alpha_t))\\&=g^{-1}\circ(\alpha_1\quad \alpha_2\quad \cdots\quad \alpha_{t-3}\quad \alpha_{t-1}\quad \alpha_t\quad \alpha_{t-2})\\&=(\alpha_{t-3}\quad \alpha_{t-2}\quad \alpha_t)\end{aligned}$$

を得る．

Case 2 gの巡回置換分解で，少なくとも2つの長さ3の巡回置換$(\alpha_1\quad \alpha_2\quad \alpha_3)$と$(\beta_1\quad \beta_2\quad \beta_3)$をもつ場合．

A_nには長さ3の巡回置換

$$f=(\alpha_3\quad \beta_1\quad \beta_2)$$

がある．Case 1の場合と同じように考えると，$g^{-1}(fgf^{-1})$は$\Omega-\{\alpha_1, \alpha_2, \alpha_3, \beta_1, \beta_2, \beta_3\}$上では恒等置換で，$\{\alpha_1, \alpha_2, \alpha_3, \beta_1, \beta_2, \beta_3\}$上では

$$
\begin{aligned}
g^{-1}(fgf^{-1}) &= g^{-1}\circ\{f(\alpha_1\ \ \alpha_2\ \ \alpha_3)f^{-1}\}\circ\{f(\beta_1\ \ \beta_2\ \ \beta_3)f^{-1}\} \\
&= g^{-1}\circ(f(\alpha_1)f(\alpha_2)f(\alpha_3))\circ(f(\beta_1)f(\beta_2)f(\beta_3)) \\
&= g^{-1}(\alpha_1\ \ \alpha_2\ \ \beta_1)(\beta_2\ \ \alpha_3\ \ \beta_3) \\
&= (\alpha_2\ \ \beta_3\ \ \beta_1\ \ \alpha_3\ \ \beta_2)
\end{aligned}
$$

となるので，Case 1 の場合に帰着される．

Case 3　g の巡回置換分解は，1つだけの長さ3の巡回置換 $(\alpha\ \ \beta\ \ \gamma)$ といくつかの互換からなる場合．

$$g^4 = (\alpha\ \ \beta\ \ \gamma) \in N$$

となる．

Case 4　g の巡回置換分解は，いくつかの互換からなる場合．

N の元 g は A_n の元でもあるので，

$$g = (\alpha_1\ \ \beta_1)(\alpha_2\ \ \beta_2)\cdots(\alpha_t\ \ \beta_t)\quad (t：偶数)$$

と表せる．

$t \geqq 4$ のとき．A_n には長さ3の巡回置換

$$f = (\alpha_1\ \ \alpha_2\ \ \alpha_3)$$

がある．Case 1 や Case 2 の場合と同じように考えると，

$$
\begin{aligned}
g^{-1}(fgf^{-1}) &= \{(\alpha_1\ \ \beta_1)(\alpha_2\ \ \beta_2)(\alpha_3\ \ \beta_3)\}\circ\{(\alpha_2\ \ \beta_1)(\alpha_3\ \ \beta_2)(\alpha_1\ \ \beta_3)\} \\
&= (\alpha_1\ \ \alpha_3\ \ \alpha_2)(\beta_1\ \ \beta_2\ \ \beta_3)
\end{aligned}
$$

となって，Case 2 の場合に帰着される．

$t=2$ のとき．$\Omega-\{\alpha_1, \beta_1, \alpha_2, \beta_2\}$ の元 γ をとると，A_n には長さ3の巡回置換

$$f = (\alpha_1\ \ \alpha_2\ \ \gamma)$$

がある．Case 1 や Case 2 の場合と同じように考えると，

$$
\begin{aligned}
g^{-1}(fgf^{-1}) &= \{(\alpha_1\ \ \beta_1)(\alpha_2\ \ \beta_2)\}\circ\{(\alpha_2\ \ \beta_1)(\gamma\ \ \beta_2)\} \\
&= (\alpha_1\ \ \beta_1\ \ \beta_2\ \ \gamma\ \ \alpha_2)
\end{aligned}
$$

となって，Case 1 の場合に帰着される．

以上から，定理 2.4.1 は証明されたことになる．

（証明終り）

2.5 準同型写像と同型写像

2.3 節で導入した剰余群の概念を用いた定理のうち，最もよく用いられるものに「準同型定理」がある．異なる群同士であっても準同型写像を通して見ると，似た者同士の関係に見えるのである．

G_1 は演算・に関して群になり，G_2 は演算 $*$ に関して群になるとする．このとき G_1 から G_2 への写像 f が，G_1 の任意の元 x, y に対して

$$f(x\cdot y)=f(x)*f(y)$$

を満たすとき，f を G_1 から G_2 への準同型写像という．

G_1 の単位元を e_1，G_2 の単位元を e_2 とするとき，

$$f(e_1)*f(e_1)=f(e_1\cdot e_1)=f(e_1)$$

が成り立つので，

$$
\begin{aligned}
&(f(e_1))^{-1}*f(e_1)*f(e_1)=(f(e_1))^{-1}*f(e_1) \\
&f(e_1)=e_2
\end{aligned}
\qquad \cdots\cdots(\mathrm{I})
$$

を得る．また G_1 の任意の元 x に対して，

$$f(x)*f(x^{-1})=f(x\cdot x^{-1})=f(e_1)=e_2$$

となるので，

$$(f(x))^{-1}=f(x^{-1}) \qquad \cdots\cdots\text{(II)}$$

を得る．

言葉の定義であるが，f による G_1 の像 $f(G_1)$ を $\mathrm{Im}\,f$ で表し，f による e_2 の逆像

$$f^{-1}(e_2)=\{x\in G_1 \mid f(x)=e_2\}$$

を $\mathrm{Ker}\,f$ で表し，これを f の核という．

定理 2.5.1 f が群 G_1 から群 G_2 への準同型写像のとき，$\mathrm{Im}\,f$ は G_2 の部分群で，$\mathrm{Ker}\,f$ は G_1 の正規部分群である．

証明 e_1，e_2，$\cdot$，$*$ は上で述べたものとする．

$\mathrm{Im}\,f$ の任意の元 $f(x)$，$f(y)$ に対し（x, y は G_1 の元），

$$f(x)*f(y)=f(x\cdot y)$$

であるから，$\mathrm{Im}\,f$ は演算 $*$ が閉じている．

また，(II) より $\mathrm{Im}\,f$ の各元は逆元をもつ．したがって，$\mathrm{Im}\,f$ は G_2 の部分群である．

次に，$\mathrm{Ker}\,f$ の任意の元 x, y に対し

$$f(x\cdot y)=f(x)*f(y)=e_2*e_2=e_2$$

であるから，$x\cdot y$ は $\mathrm{Ker}\,f$ の元になる．

また，$\mathrm{Ker}\,f$ の任意の元 x に対し，

$$f(x)*f(x^{-1})=f(x\cdot x^{-1})=f(e_1)=e_2$$
$$e_2*f(x^{-1})=e_2$$
$$f(x^{-1})=e_2$$

であるから，x^{-1} は $\mathrm{Ker}\,f$ の元になる．

以上から，$\mathrm{Ker}\,f$ は G_1 の部分群になる．さらに以下のことより，$\mathrm{Ker}\,f$ は G_1 の正規部分群になる．

$\mathrm{Ker}\, f$の任意の元xとG_1の任意の元gに対し，

$$f(g^{-1}\cdot x\cdot g)=f(g^{-1})*f(x)*f(g)=(f(g))^{-1}*e_2*f(g)=e_2$$

が成り立つので，

$$g^{-1}\cdot \mathrm{Ker}\, f\cdot g\subseteq \mathrm{Ker}\, f$$

を得る．したがって，定理2.3.3より$\mathrm{Ker}\, f$はG_1の正規部分群となる．

(証明終り)

上定理の証明においてはG_1の演算$\cdot$とG_2の演算$*$を区別したが，以後，誤解を生まない限り区別しないものとする．

群G_1から群G_2への準同型写像fが全単射であるとき，fをG_1からG_2の上への同型写像という．このとき，G_1とG_2は同型であるといい，記法として$G_1\cong G_2$で表す．

例 2.5.1　次の3つの群G_1, G_2, G_3は互いに同型である．

（ア）$G_1=\{1,-1,\sqrt{-1},-\sqrt{-1}\}$　（演算は積）

（イ）G_2は$\Omega=\{1,2,3,4\}$上の置換群$\{e, (1\ \ 2\ \ 3\ \ 4), (1\ \ 3)(2\ \ 4), (1\ \ 4\ \ 3\ \ 2)\}$

（ウ）$G_3=\left\{\begin{pmatrix}0&-1\\1&0\end{pmatrix},\begin{pmatrix}-1&0\\0&-1\end{pmatrix},\begin{pmatrix}0&1\\-1&0\end{pmatrix},\begin{pmatrix}1&0\\0&1\end{pmatrix}\right\}$　（演算は行列の積）

G_1, G_2, G_3は，それぞれ$\sqrt{-1}$，$(1\ \ 2\ \ 3\ \ 4)$，$\begin{pmatrix}0&-1\\1&0\end{pmatrix}$で生成される位数4の巡回群であるので，それらは互いに同型である．

(説明終り)

例 2.5.1　Nは群Gの正規部分群とする．群Gから剰余群G/Nへの写像fを，Gの各元xに対し

$$f(x)=Nx$$

によって定める．この写像によって，f は G から G/N の上への準同型写像となり，$\mathrm{Ker}\,f=N$ となる．実際，G の任意の元 x, y に対し，

$$f(x\cdot y)=N(x\cdot y)=(Nx)(Ny)=f(x)\cdot f(y)$$

となる．さらに，

$$f(x)=N \Leftrightarrow Nx=N \Leftrightarrow x\in N$$

であるので，$\mathrm{Ker}\,f=N$ を得る．なお f を，G から G/N への自然な準同型写像という．

(説明終り)

次の定理はとくに重要なものである．

定理 2.5.2 (準同型定理)　φ を群 G_1 から群 G_2 への準同型写像とすると，

$$G_1/\mathrm{Ker}\,\varphi\cong \mathrm{Im}\,\varphi$$

が成り立つ．

証明　G_1 の任意の元 g と $\mathrm{Ker}\,\varphi$ の任意の元 x に対して，

$$\varphi(xg)=\varphi(x)\varphi(g)=\varphi(g)\in \mathrm{Im}\,\varphi$$

が成り立つので，$G_1/\mathrm{Ker}\varphi$ の各元 $(\mathrm{Ker}\,\varphi)g$ を $\varphi(\mathrm{g})$ に対応させる $G_1/\mathrm{Ker}\,\varphi$ から $\mathrm{Im}\,\varphi$ の上への写像 $\overline{\varphi}$ が定義できる．

$G_1/\mathrm{Ker}\,\varphi$ の任意の元 $(\mathrm{Ker}\,\varphi)x$, $(\mathrm{Ker}\,\varphi)y$ に対して $(x, y\in G_1)$,

$$\begin{aligned}
&\overline{\varphi}((\mathrm{Ker}\,\varphi)x\cdot(\mathrm{Ker}\,\varphi)y)\\
&\quad=\overline{\varphi}((\mathrm{Ker}\,\varphi)xy)\\
&\quad=\varphi(xy)\\
&\quad=\varphi(x)\varphi(y)=\overline{\varphi}((\mathrm{Ker}\,\varphi)x)\overline{\varphi}((\mathrm{Ker}\,\varphi)y)
\end{aligned}$$

となるので，$\overline{\varphi}$ は準同型写像である．

また，$G_1/\mathrm{Ker}\,\varphi$ の任意の元 $(\mathrm{Ker}\,\varphi)x$, $(\mathrm{Ker}\,\varphi)y$ に対して

$$\overline{\varphi}((\mathrm{Ker}\,\varphi)x = \overline{\varphi}(\mathrm{Ker}\,\varphi)y)$$

とすると，

$$\varphi(x) = \varphi(y)$$

であるので，G_1 と G_2 の単位元をそれぞれ e_1，e_2 とすれば，

$$\varphi(xy^{-1}) = \varphi(x)\varphi(y^{-1}) = \varphi(y)\varphi(y^{-1}) = \varphi(yy^{-1}) = \varphi(e_1) = e_2$$

が成り立つ．ところで，

$$\begin{aligned} & xy^{-1} \in \mathrm{Ker}\,\varphi \\ & \quad \Leftrightarrow x \in (\mathrm{Ker}\,\varphi)y \\ & \quad \Leftrightarrow (\mathrm{Ker}\,\varphi)x = (\mathrm{Ker}\,\varphi)y \end{aligned}$$

は成り立つ．したがって $\overline{\varphi}$ は単射となるので，$\overline{\varphi}$ は $G_1/\mathrm{Ker}\,\varphi$ から $\mathrm{Im}\,\varphi$ の上への同型写像となる．

（証明終り）

例 2.5.2 $GL(n, \boldsymbol{R})$ の各元 A をその行列式 $|A|$ に対応させる写像を φ とすると，φ は $GL(n, \boldsymbol{R})$ から $\boldsymbol{R}^* = \boldsymbol{R} - \{0\}$ への写像である．0 でない任意の実数 α に対し，

$$\text{行列式}\begin{vmatrix} \alpha & & & & & \\ & 1 & & & & \\ & & 1 & & \text{\Large 0} & \\ & & & \cdot & & \\ & \text{\Large 0} & & & \cdot & \\ & & & & & \cdot \\ & & & & & 1 \end{vmatrix} = \alpha$$

であるから，φ は $GL(n, \boldsymbol{R})$ から $\boldsymbol{R}^*$ の上への写像である．

$GL(n, \boldsymbol{R})$ の任意の元 A, B に対し，

$$|AB| = |A| \cdot |B|$$

であるから，φ は $GL(n, \boldsymbol{R})$ から $\boldsymbol{R}^*$ の上への準同型写像となる．また

$$\mathrm{Ker}\,\varphi = \{A \in GL(n, \boldsymbol{R}) \mid |\mathrm{A}| = 1\} = SL(n, \boldsymbol{R})$$

であるので，準同型定理より

$$GL(n, \boldsymbol{R}) / SL(n, \boldsymbol{R}) \cong \boldsymbol{R}^*$$

を得る．

(証明終り)

本節では，今までに群として同型の意味を学んだ．ここで，置換群として同型の意味を学ぼう．

集合 Ω_1 上の置換群 G_1 と集合 Ω_2 上の置換群 G_2 に対して，Ω_1 から Ω_2 の上への 1 対 1 写像 φ があって以下の条件を満たすとき，G_1 と G_2 は置換群として同型であるという．

f は G_1 から G_2 の上への群としての同型写像で，Ω_1 の元 α, β と G_1 の元 g について，

$$g(\alpha) = \beta \Leftrightarrow f(g)(\varphi(\alpha)) = \varphi(\beta)$$

が成り立つ．

例 2.5.3

(1) $G_1 = \{(1\ \ 2\ \ 3), (1\ \ 3\ \ 2), (1\ \ 2), (1\ \ 3), (2\ \ 3), e_1\}$,

$G_2 = \{(\text{ア}\ \ \text{イ}\ \ \text{ウ}), (\text{ア}\ \ \text{ウ}\ \ \text{イ}), (\text{ア}\ \ \text{イ}), (\text{ア}\ \ \text{ウ}), (\text{イ}\ \ \text{ウ}), e_2\}$

$$e_1 = \begin{pmatrix} 1 & 2 & 3 \\ 1 & 2 & 3 \end{pmatrix}, \quad e_2 = \begin{pmatrix} \text{ア} & \text{イ} & \text{ウ} \\ \text{ア} & \text{イ} & \text{ウ} \end{pmatrix}$$

とおくと，G_1 と G_2 はそれぞれ

$$\Omega_1 = \{1,\ 2,\ 3\}, \quad \Omega_2 = \{\text{ア},\ \text{イ},\ \text{ウ}\}$$

上の置換群である．また，

$$\varphi(1)=ア,\ \varphi(2)=イ,\ \varphi(3)=ウ,$$
$$f((1\ \ 2\ \ 3))=(ア\ \ イ\ \ ウ),\quad f((1\ \ 3\ \ 2))=(ア\ \ ウ\ \ イ),$$
$$f((1\ \ 2))=(ア\ \ イ),\quad f((1\ \ 3))=(ア\ \ ウ),$$
$$f((2\ \ 3))=(イ\ \ ウ),\quad f(e_1)=e_2$$

とおくと，f は G_1 から G_2 の上への同型写像であり，そして G_1 と G_2 は置換群として同型になる．

(2) $$G_1=\left\{\begin{matrix}(1\ 2\ 3\ 4\ 5\ 6),(1\ 3\ 5)\circ(2\ 4\ 6),(1\ 4)\circ(2\ 5)\circ(3\ 6),\\(1\ 5\ 3)\circ(2\ 6\ 4),(1\ 6\ 5\ 4\ 3\ 2),e_1\end{matrix}\right\}$$

$$G_2=\left\{\begin{matrix}(1\ 2\ 3)\circ(4\ 5),(1\ 3\ 2),(4\ 5),\\(1\ 2\ 3),(1\ 3\ 2)\circ(4\ 5),e_2\end{matrix}\right\}$$

$$e_1=\begin{pmatrix}1&2&3&4&5&6\\1&2&3&4&5&6\end{pmatrix},\quad e_2=\begin{pmatrix}1&2&3&4&5\\1&2&3&4&5\end{pmatrix}$$

とおくと，G_1 と G_2 はそれぞれ

$$\Omega_1=\{1,\ 2,\ 3,\ 4,\ 5,\ 6\},\quad \Omega_2=\{1,\ 2,\ 3,\ 4,\ 5\}$$

上の置換群である．また，

$$f((1\ \ 2\ \ 3\ \ 4\ \ 5\ \ 6))=(1\ \ 2\ \ 3)\circ(4\ \ 5),$$
$$f((1\ \ 3\ \ 5)\circ(2\ \ 4\ \ 6))=(1\ \ 3\ \ 2),$$
$$f((1\ \ 4)\circ(2\ \ 5)\circ(3\ \ 6))=(4\ \ 5),$$
$$f((1\ \ 5\ \ 3)\circ(2\ \ 6\ \ 4))=(1\ \ 2\ \ 3),$$
$$f((1\ \ 6\ \ 5\ \ 4\ \ 3\ \ 2))=(1\ \ 3\ \ 2)\circ(4\ \ 5),$$
$$f(e_1)=e_2$$

とおくと，f は G_1 から G_2 の上への同型写像である．よって，G_1 と G_2 は群として同型であるが，置換群としては同型でない．それは，Ω_1 は6個の元からなる集合で，Ω_2 は5個の元からなる集合なので，Ω_1 から Ω_2 の上への1対1写像 φ は存在しないからである．

（説明終り）

次の定理も準同型定理と並んで大切なものである．

定理 2.5.3（同型定理）　N を群 G の正規部分群，H を G の部分群とするとき，HN は G の部分群で，$H \cap N$ は H の正規部分群である．そして，

$$HN/N \cong H/H \cap N$$

が成り立つ（下図参照）．

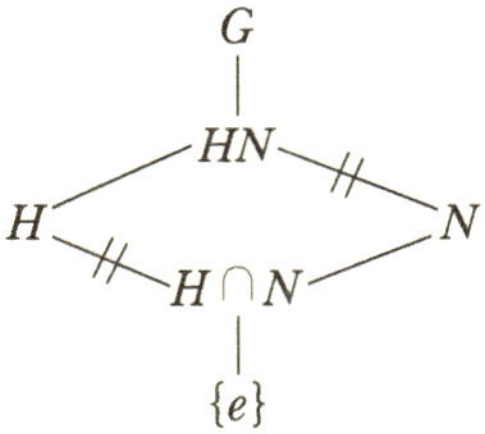

証明

$$(HN)(HN) = H(NH)N = H(HN)N = (HH)(NN) = HN$$

となるので，HN は演算に関して閉じている．また，HN の任意の元 hx $(h \in H, x \in N)$ に対して，

$$(hx)^{-1} = x^{-1}h^{-1} \in Nh^{-1} = h^{-1}N$$

となる．よって，HN は G の部分群である．一方，$H \cap N$ は H の正規部分群である．実際，$H \cap N$ の任意の元 x, y と H の任意の元 h に対し，

$$xy, x^{-1} \in H \cap N, \quad h^{-1}xh = H \cap N$$

が導かれる．

次に，φ を G から G/N への自然な準同型写像とすると，φ の定義域を H に制限した φ_H は H から HN/N の上への準同型写像となる．ここで，$\mathrm{Ker}\,\varphi_H = H \cap N$ となるので，準同型定理を用いて

$$HN/N \cong H/H \cap N$$

を得る．

(証明終り)

例 2.5.4　$\{1,2,3,4\}$ 上の対称群を G とし，置換群 N, H を

$$N=\{e,(1\ \ 2)(3\ \ 4),(1\ \ 3)(2\ \ 4),(1\ \ 4)(2\ \ 3)\}$$
$$H=G_4\quad (G\text{における}4\text{の固定部分群})$$
$$=\{e,(1\ \ 2),(1\ \ 3),(2\ \ 3),(1\ \ 2\ \ 3),(1\ \ 3\ \ 2)\}$$

によって定める．N は G の正規部分群で，$H\cap N=\{e\}$ なので，

$$HN/N\cong H/H\cap N\cong H$$

を得る．したがって，

$$|G|\geq|HN|=|H|\cdot|N|=6\times 4=|G|$$

となるので，$G=HN$ そして $G/N\cong H$ が成り立つ．

(説明終り)

群 G から G の上への同型写像を G の自己同型写像という．G の自己同型写像全体からなる集合を $\mathrm{Aut}(G)$ と書くと，$\mathrm{Aut}(G)$ は写像の合成に関して群となり（G 上の対称群 S^G の部分群），これを G の自己同型群という（単位元は G 上の恒等置換）．

実際，$\mathrm{Aut}(G)$ の任意の元 σ, τ と G の任意の元 g, h に対し，

$$\begin{aligned}(\sigma\tau)(g\cdot h)&=\sigma(\tau(g\cdot h))\\&=\sigma(\tau(g)\cdot\tau(h))\\&=\sigma(\tau(g))\cdot\sigma(\tau(h))=(\sigma\tau)(g)\cdot(\sigma\tau)(h)\end{aligned}$$

が成り立つので，$\sigma\tau\in\mathrm{Aut}(G)$ となる．また，

$$gh=\sigma(\sigma^{-1}(g)\cdot\sigma^{-1}(h))$$

であるから，

$$\sigma^{-1}(gh)=\sigma^{-1}(\sigma(\sigma^{-1}(g)\cdot\sigma^{-1}(h)))$$
$$=\sigma^{-1}(g)\cdot\sigma^{-1}(h)$$

が成り立つので，$\sigma^{-1}\in \mathrm{Aut}(G)$ となる．

いま，a を G の任意の固定した元とする．このとき，G の各元 x に対して，x を axa^{-1} に対応させる写像 σ_a を定めると，σ_a は G の自己同型写像となる．なぜならば，G の任意の元 x, y に対し，

$$\sigma_a(xy)=a(xy)a^{-1}$$
$$=(axa^{-1})(aya^{-1})$$
$$=\sigma_a(x)\sigma_a(y)$$

であり，また σ_a は G 上の置換である．

一般に σ_a を a による G の内部自己同型というが，それら全体からなる集合

$$\mathrm{Inn}(G)=\{\sigma_a \mid a\in G\}$$

は明らかに $\mathrm{Aut}(G)$ の部分群となり，これを G の内部自己同型群という．さらに，$\mathrm{Inn}(G)$ の任意の元 δ_a と $\mathrm{Aut}(G)$ の任意の元 τ に対して，

$$\tau\delta_a\tau^{-1}=\delta_{\tau(a)}\in \mathrm{Inn}(G)$$

となることが分かる．なお $(\tau(a))^{-1}=\tau(a^{-1})$ に注意する．よって $\mathrm{Inn}(G)$ は $\mathrm{Aut}(G)$ の正規部分群である．

K を群 G の部分群とするとき，K が G の正規部分群であるための必要十分条件は，すべての $\delta\in \mathrm{Inn}(G)$ に対して $\delta(K)=K$ が成り立つことである．そして，すべての $\tau\in \mathrm{Aut}(G)$ に対して $\tau(K)=K$ が成り立つとき，K を G の特性部分群という．

定理 2.5.4　N が群 G の正規部分群で，K が N の特性部分群ならば，K は G の正規部分群である．また，N が群 G の特性部分群で，K が N の特性部分群ならば，K は G の特性部分群である．

証明 G の任意の元 g に対して，g による G の内部自己同型写像 σ_g によって N は集合として固定される．すなわち，

$$\sigma_g(N)=N$$

となる．そこで，σ_g を N に制限した写像は明らかに N の自己同型写像である．よって仮定により，

$$\sigma_g(K)=K$$

を得る．したがって，K は G の正規部分群である．

後半は，σ を G の任意の自己同型写像とすると $\sigma(N)=N$ であるので，σ を N に制限した写像 $\sigma|_N$ は N の自己同型写像となる．よって，$\sigma|_N(K)=K$ となるので，$\sigma(K)=K$ をを得る．

(証明終り)

定理 2.5.5 G を a で生成された位数 n の巡回群とすると，$\mathrm{Aut}(G)$ は位数 $\varphi(n)$ の可換群となる．ここで φ はオイラーの関数である．すなわち，

$$\varphi(n)=\begin{cases}1 & (n=1\text{のとき})\\ |\{m\in N \mid 1\leq m<n,(m,n)=1\}| & (n>1\text{のとき})\end{cases}$$

なお $(m,n)=1$ は，m と n は互いに素を意味する．

証明 最初に，$n=1$ の場合は明らかなので，$n>1$ を仮定する．

$\mathrm{Aut}(G)$ の任意の元 σ をとると，明らかに $G=\langle\sigma(a)\rangle$ である．いま，

$$\sigma(a)=a^t \quad (1\leq t\leq n-1)$$

とおくと，もし $(t,n)\neq 1$ ならば $\sigma(a)$ は G を生成しない．よって，$(t,n)=1$ でなければならない．一方，$(t,n)=1$ となる $(1\leq t\leq n-1)$ に対して，

$$\tau(a^i)=a^{it} \quad (i=0,1,\cdots,n-1)$$

とおくと，$\tau\in\mathrm{Aut}(G)$ が分かる．したがって，$|\mathrm{Aut}(G)|=\varphi(n)$ を得る．

次に，$\mathrm{Aut}(G)$ の任意の元 σ,τ に対して，

$$\sigma(a)=a^s,\quad \tau(a)=a^t \quad (1\leq s, t\leq n-1)$$

とおくと,

$$\tau\sigma(a)=\tau(a^s)=\tau(a)^s=(a^t)^s=(a^s)^t=\sigma(a)^t=\sigma(a^t)=\sigma\tau(a)$$

となる．よって,

$$\sigma\tau=\tau\sigma$$

であり，$\mathrm{Aut}(G)$ は可換群となる．

(証明終り)

2.6 直積

n 個の群 $G_1, G_2, \cdots, G_n$ の直積集合

$$G=G_1\times G_2\times\cdots\times G_n=\{(x_1, x_2, \cdots, x_n)\mid x_i\in G_i\}$$

を考える．G の任意の元 $a=(a_1, a_2, \cdots, a_n), b=(b_1, b_2, \cdots, b_n)$ に対する演算を

$$ab=(a_1b_1, a_2b_2, \cdots, a_nb_n)$$

によって定義すると G は群となり，それを群 $G_1, G_2, \cdots, G_n$ の直積という．G の単位元 e は $(e_1, e_2, \cdots, e_n)$ で（e_i は G_i の単位元），$(x_1, x_2, \cdots, x_n)$ の逆元は $(x_1^{-1}, x_2^{-1}, \cdots, x_n^{-1})$ である．いま，各 $i\ (1\leq i\leq n)$ に対して

$$H_i=\{(e_1, \cdots, e_{i-1}, h, e_{i+1}, \cdots, e_n)\mid h\in G_i\}$$

と定めると，各 H_i は G の正規部分群で,

$$H_i\cong G_i$$
$$G=H_1H_2\cdots H_n$$
$$(H_1H_2\cdots H_{i-1})\cap H_i=\{e\}\quad (i=2, \cdots, n)$$

となることが分かる．

逆に $H_1, H_2, \cdots, H_n$ が群 G の正規部分群で（上記の $H_1, H_2, \cdots, H_n$ や G とは無関係），

$$G=H_1H_2\cdots H_n$$
$$(H_1H_2\cdots H_{i-1})\cap H_i=\{e\} \quad (i=2,\cdots,n)$$

をみたすならば（e は G の単位元），

$$G\cong H_1\times H_2\times\cdots\times H_n$$

が成り立つ．実際，群 $H_1\times H_2\times\cdots\times H_n$ の各元 $(x_1, x_2, \cdots, x_n)$ を G の元 $x_1x_2\cdots x_n$ に対応させる写像を φ とすると，$H_1\times H_2\times\cdots\times H_n$ の任意の元 $a=(a_1, a_2, \cdots, a_n)$，$b=(b_1, b_2, \cdots, b_n)$ に対して，

$$\varphi(ab)=\varphi(a)\varphi(b)$$

は次のようにして示せる．

$$b_1^{-1}a_2^{-1}b_1a_2=(b_1^{-1}a_2^{-1}b_1)a_2=b_1^{-1}(a_2^{-1}b_1a_2)$$

は H_2 かつ H_1 の元なので，それは e に等しい．よって，

$$b_1a_2=a_2b_1$$

となる．以下同様に $i=3, 4, \cdots, n$ に対して，

$$(b_1b_2\cdots b_{i-1})^{-1}a_i^{-1}(b_1b_2\cdots b_{i-1})a_i\in H_1H_2\cdots H_{i-1}\cap H_i=\{e\}$$

なので，

$$b_1b_2\cdots b_{i-1}a_i=a_ib_1b_2\cdots b_{i-1}$$

となる．したがって，

$$
\begin{aligned}
\varphi(ab) &= \varphi((a_1, a_2, \cdots, a_n)(b_1, b_2, \cdots, b_n)) \\
&= \varphi((a_1b_1, a_2b_2, \cdots, a_nb_n)) \\
&= a_1b_1\ a_2b_2\ a_3b_3 \cdots a_nb_n \\
&= a_1a_2\ b_1b_2\ a_3b_3 \cdots a_nb_n \\
&\qquad \vdots \\
&= a_1a_2 \cdots a_n\ b_1b_2 \cdots b_n \\
&= \varphi(a)\varphi(b)
\end{aligned}
$$

が成り立つ．また，

$$\varphi(x_1, x_2, \cdots, x_n) = e,\quad \text{すなわち}\quad x_1x_2 \cdots x_n = e$$

とすると，

$$x_1x_2 \cdots x_{n-1} = x_n^{-1} \in H_1H_2 \cdots H_{n-1} \cap H_n$$

であるから $x_n = e$ を得る．同様にして，$x_{n-1} = e$, $x_{n-2} = e$, $\cdots$, $x_1 = e$ を得る．そこで準同型定理を用いて，

$$G = H_1H_2 \cdots H_n \cong H_1 \times H_2 \times \cdots \times H_n$$

が成り立つ．なお上式の関係が成り立つとき，G と $H_1 \times H_2 \times \cdots \times H_n$ を同一視して

$$G = H_1 \times H_2 \times \cdots \times H_n$$

と書き，G は正規部分群 $H_1, H_2, \cdots, H_n$ の直積であるという．

例 2.6.1　巡回置換 $(1, 2, 3, 4, 5, 6)$ で生成される巡回群 G は，次のように 2 つの部分群の直積として表せる．

$$G = \langle (1\ \ 4)(2\ \ 5)(3\ \ 6) \rangle \times \langle (1\ \ 3\ \ 5)(2\ \ 4\ \ 6) \rangle$$

2.7　p–群とシローの定理

ラグランジュの定理より，任意の有限群 G に対して，その部分群の位数は $|G|$ の約数である．反対に $|G|$ の約数に対しては，それを位数とする部分群は必ずしも存在するものではない．本節で扱う p–群は，有限群に関して必ず存在するものである．

位数が素数 p の累乗（巾（べき））である有限群を p–群という．明らかに，単位群は位数が p^0 の p–群である．有限群 G の位数 $|G|$ が，

$$|G| = p^s m, \quad (p, m) = 1$$

と表されるとき，位数 p^s の G の p–部分群をとくに G のシロー p–部分群という．

シローの定理の前に置換群に関する簡単な言葉を約束しよう．集合 Ω 上の置換群 G に関して，Ω 上に次のような関係 $\sim$ を定める：Ω の元 α, β に対して，

$$\alpha \sim \beta \Leftrightarrow g(\alpha) = \beta \text{ となる } G \text{ の元 } g \text{ が存在}$$

関係 $\sim$ は Ω 上の同値関係となり，各同値類を G の（Ω における）軌道，または G–軌道という．Δ を G–軌道とするとき，$|\Delta|$ を Δ の長さという．明らかに，Ω の元 α を含む G の軌道は $G(\alpha)$ である．なお定理2.2.2も参考にしていただきたい．

定理 2.7.1（シローの定理）　G を位数が $p^s m$ の有限群とするとき，G において (1), (2) が成り立つ．ただし p は素数で，$s \geq 1$, $(p, m) = 1$ とする．

(1) 任意の整数 t $(1 \leq t \leq s)$ に対して，位数が p^t の p–部分群の個数を $n(t)$ とすると，$n(t) \equiv 1 \pmod{p}$ が成り立つ．とくに，$n(t) \geq 1$ である．

(2) P を任意のシロー p–部分群とし，Q を位数が p^t $(0 \leq t \leq s)$ の任意の p–部分群とすると，Q は P と共役なあるシロー p–部分群に含まれる．とくに，すべてのシロー p–部分群は互いに共役である．

証明（Wielandt による置換群論的証明）

（1）$|G|=p^t q$,　$\Omega=\{X \mid X \subseteq G, |X|=p^t\}$

とおく．$q=1$ のときは $n(t)=1$ なので，以下 $q>1$ としてよい．Ω は p^t 個の元からなる部分集合全体の集合なので，

$$|\Omega| = {}_{p^t q}C_{p^t}$$

である．G の任意の元 g に対して，Ω の各元 X を gX に対応させる Ω 上の置換 $\bar{g}$ が定まる．この対応によって定まる G から S^Ω への写像 φ は単射である．実際，G の異なる任意の 2 つの元 g, h に対し，

$$G \supsetneq X, \quad |X|=p^t, \quad X \ni g^{-1}, \quad X \not\ni h^{-1}$$

を満たす Ω の元 X があるので，

$$\bar{g}(X) \ni e, \quad \bar{h}(X) \not\ni e$$

となって，$\bar{g}$ と $\bar{h}$ は異なる．さらに，G の任意の元 g, h と Ω の各元 X に対し，

$$\varphi(gh)(X) = (gh)(X) = g(h(X)) = \varphi(g)(\varphi(h)(X))$$

となる．そこで，G と $\mathrm{Im}\,\varphi$ は群として同型になるので，以後 G と Ω 上の置換群 $\mathrm{Im}\,\varphi$ を同一視して考える．

G の Ω における軌道全体を $\Omega_1, \Omega_2, \cdots, \Omega_r$ とし，X_i を Ω_i の元とすると $(1 \leq i \leq r)$,

$$|\Omega_i| = |G : G_{X_i}| \quad \text{（定理 2.2.2）}$$

$$|\Omega_1| + |\Omega_2| + \cdots + |\Omega_r| = |\Omega|$$

である．いま $G_{X_i}(X_i) = X_i$ であるので，各 i に対し

$$X_i = G_{X_i} x_{i1} \cup G_{X_i} x_{i2} \cup \cdots \cup G_{X_i} x_{ij_i} \quad \text{（直和）}$$

を満たす $x_{i1}, x_{i2}, \cdots, x_{ij_i} \in X_i$ が存在する．よって，

$$|G_{X_i}|\cdot j_i=|X_i|=p^t$$

となることから，

$$|G_{X_i}|=p^{e_i}\quad(0\leq e_i\leq t)$$

を得る．そこで，

$$|\Omega_i|=\begin{cases}|G:G_{X_i}|\equiv 0\pmod{pq}\text{（}e_i<t\text{ のとき）}\\ |G:G_{X_i}|=q\quad\text{（}e_i=t\text{ のとき）}\end{cases}$$

となる．したがって，

$$|\Omega|={}_{p^tq}\mathrm{C}_{p^t}\equiv q|\{i\,\big|\,|\Omega_i|=q\}|\pmod{pq}\quad\cdots\cdots①$$

が成り立つ．

次に，G に位数 p^t の部分群 H があれば，

$$|\{gH\mid g\in G\}|=q,\quad H\in\{gH\mid g\in G\}$$

なので，H は必ず $|\Omega_i|=q$ となるある Ω_i に含まれる．

また，$|\Omega_j|=q$ を満たす Ω_j は G のただ1つの位数 p^t の部分群 K を元としてもつ．なぜならば，X_j（$\in\Omega_j$）の元 x_j に対して $X_j=G_{X_j}x_j$ となるので，G_{X_j} と共役な群 $K=x_j^{-1}G_{X_j}x_j$ は

$$K=x_j^{-1}X_j\in\Omega_j$$

を満たす．そして，もし位数 p^t の部分群 L も Ω_j の元ならば，$xK=L$ となる G の元 x が存在し，$K\ni e$（単位元）より $L\ni x$ である．よって，

$$K=x^{-1}L=L$$

となる．

以上から，位数 p^t の部分群の個数と $|\Omega_i|=q$ となる軌道の個数は等しくなるので，①より

$$|\Omega| = {}_{p^tq}C_{p^t} \equiv q \cdot n(t) \pmod{pq} \qquad \cdots\cdots②$$

が成り立つ．ここで，大変面白い議論を行う．それは，G がとくに位数 p^tq の巡回群としても上式は成り立つので，定理 2.1.3 よりこの場合は $n(t)=1$ である．すなわち，

$${}_{p^tq}C_{p^t} \equiv q \pmod{pq} \qquad \cdots\cdots③$$

が成り立つ．したがって②と③より，位数が p^tq の一般の群 G に対して，

$$q \cdot n(t) \equiv q \pmod{pq}$$
$$n(t) \equiv 1 \pmod{p}$$

が成り立つ．

(2) $G=P$ のときは明らかに成り立つので，以下 $G \supsetneqq P$ とする．G における P の右剰余類全体からなる集合 G/P を Ω とし，G の任意の元 g に対して，Ω の各元 xP を gxP に対応させる Ω 上の置換 $\bar{g}$ が定まる．この対応によって G から S^{Ω} への写像 φ が定まり，φ は準同型写像である．Ω 上の置換群 $\varphi(Q)$ を $\bar{Q}$ とおくと，

$$|\bar{Q}| = |Q| / |\mathrm{Ker}\,\varphi \cap Q|$$

となるから $\bar{Q}$ は p–群である．また，

$$|\Omega| = \frac{p^s m}{p^s} = m$$

であるから，$|\Omega|$ と p は互いに素である．$\bar{Q}$ の Ω における軌道全体を Ω_1, $\Omega_2, \cdots, \Omega_r$ とすると，定理 2.2.2 より各 $|\Omega_i|$ は $|\bar{Q}|$ の約数となる．ここで，

$$|\Omega_1| + |\Omega_2| + \cdots + |\Omega_r| = |\Omega| \not\equiv 0 \pmod{p}$$

なので，ある j に対して $|\Omega_j| = 1$ である．いま $\Omega_j = \{xP\}$ とおくと $(x \in G)$，

$$QxP = xP$$
$$Q(xPx^{-1}) = xPx^{-1}$$

となるので，Q は P と共役な群 xPx^{-1} に含まれることになる．

（証明終り）

シロ一の定理を用いると，次の定理は直ちに得られる．

定理 2.7.2 G を有限可換群とし，

$$|G| = p_1^{e_1} p_2^{e_2} \cdots p_r^{e_r} \quad (p_i \text{ は素数},\ e_i \geq 1\ (i=1, 2, \cdots, r))$$

とする．このとき G のシロー p_i–部分群を P_i とすれば $(i=1, 2, \cdots, r)$，

$$G \cong P_1 \times P_2 \times \cdots \times P_r$$

と表せる．

証明 G の部分集合 $P_1 P_2 \cdots P_r$ は G の部分群となり，

$$P_1 P_2 \cdots P_r \cong P_1 \times P_2 \times \cdots \times P_r$$

のように，G のシロー p_i–部分群 $P_1, P_2, \cdots, P_r$ の直積と同型である（2.6 節参照）．そして，

$$|P_1 \times P_2 \times \cdots \times P_r| = p_1^{e_1} p_2^{e_2} \cdots p_r^{e_r}$$

であるから，結論を得る．

（証明終り）

2.8 交換子群と可解群

本節では，1 変数 n 次方程式を解くことができることと本質的に関係する可解群について説明する．

一般に群 G の元 a, b に対し，a と b の交換子 $[a, b]$ を次のように定める．

$$[a, b]=a^{-1}b^{-1}ab$$

また，群 G の部分群 A, B に対し，A と B の交換子群 $[A, B]$ を次のように定める．

$$[A, B]=\langle\{[a, b] \mid a\in A, b\in B\}\rangle \quad （生成された部分群）$$

とくに，$[G, G]$ を G の交換子群といい，

$$D_0(G)=G, D_1(G)=[G, G], D_{i+1}(G)=[D_i(G), D_i(G)] \quad (i=1, 2, 3, \cdots)$$

と定める．このとき，G の部分群の列

$$G\supseteq D_1(G)\supseteq D_2(G)\supseteq D_3(G)\supseteq\cdots$$

を G の交換子群列という．

定理 2.8.1 群 G の交換子群列において，$D_i(G)$ は G の特性部分群であり，$D_i(G)/D_{i+1}(G)$ は可換群である $(i=0, 1, 2, 3, \cdots)$.

証明 任意の $[a, b]\,(a, b\in G)$ と任意の $\sigma\in\mathrm{Aut}(G)$ をとると，

$$\begin{aligned}\sigma([a, b])&=\sigma(a^{-1}b^{-1}ab)\\&=\sigma(a^{-1})\sigma(b^{-1})\sigma(a)\sigma(b)\\&=\sigma(a)^{-1}\sigma(b)^{-1}\sigma(a)\sigma(b)\\&=[\sigma(a), \sigma(b)]\in[G, G]\end{aligned}$$

が成り立つ．さらに $\sigma(G)=G$ であるから，

$$\sigma([G, G])=[G, G]$$

を得る．よって，$D_1(G)$ は G の特性部分群である．したがって定理 2.5.4 より，各 $D_1(G)$, $D_2(G)$, $D_3(G), \cdots$ は G の特性部分群となる．

後半は，剰余群 $D_i(G)/D_{i+1}(G)$ における任意の元 $xD_{i+1}(G)$ と $yD_{i+1}(G)$ に対して $(x, y\in D_i(G))$,

$$[xD_{i+1}(G), yD_{i+1}(G)]=[x,y]D_{i+1}(G)$$
$$[x, y]\in D_{i+1}(G)$$

となるので，$[xD_{i+1}(G), yD_{i+1}(G)]$ は $D_i(G)/D_{i+1}(G)$ の単位元になる．それゆえ，$D_i(G)/D_{i+1}(G)$ は可換群である．

（証明終り）

一般に群 G の交換子群列において，$D_r(G)=\{e\}$ となる r が存在するとき，G を可解群（G は可解）という．

定理 2.8.2 可解群の部分群，剰余群は可解群である．

証明 G を $D_r(G)=\{e\}$ となる可解群とし，H を G の部分群とする．このとき，

$$D_1(G)\supseteq D_1(H)$$
$$D_2(G)=[D_1(G), D_1(G)]\supseteq[D_1(H), D_1(H)]=D_2(H)$$

以下同様にして $D_i(G)\supseteq D_i(H)\ (i=1, 2, 3, \cdots)$ を得るので，

$$D_r(G)\supseteq D_r(H)=\{e\}$$

となり，H も可解群である．

また，N を G の正規部分群とすると，定理 2.8.1 の後半の証明と同様に考えて，

$$D_1(G/N)=ND_1(G)/N$$
$$D_2(G/N)=ND_2(G)/N$$
$$\vdots$$
$$D_r(G/N)=ND_r(G)/N$$

が成り立ち，$D_r(G/N)$ は G/N の単位群となる．

（証明終り）

定理 2.8.3　群 $G\,(\neq\{e\})$ が可解であるためには，G の部分群の列

$$G=N_0 \supsetneqq N_1 \supsetneqq \cdots \supsetneqq N_r=\{e\}$$

があって $(r\geq 1)$，各 N_i は N_{i-1} の正規部分群で $(i=1,2,\cdots,r)$，かつ N_{i-1}/N_i は可換群であることが必要十分な条件である．

証明　必要性は，定理 2.8.1 より明らかなので，十分性を証明する．

まず数学的帰納法によって，すべての $i=1,2,3,\cdots$ について

$$N_i \supseteq D_i(G) \qquad \cdots\cdots(*)$$

が成り立つことを示す．G/N_1 は可換群であるから，G の任意の元 g,h に対し，

$$(N_1g)(N_1h)=(N_1h)(N_1g)$$
$$(N_1g)^{-1}(N_1h)^{-1}(N_1g)(N_1h)=N_1$$
$$g^{-1}h^{-1}ghN_1=N_1$$

となるから，$g^{-1}h^{-1}gh\in N_1$ を得る．よって，

$$N_1\supseteq[G,G]=D_1(G)$$

が成り立つ．次に，$(*)$ が i のとき成り立つとすると，N_{i+1}/N_i は可換群であるから上と同様な議論によって，

$$N_{i+1}\supseteq[N_i,N_i]\supseteq[D_i(G),D_i(G)]=D_{i+1}(G)$$

を得る．したがって，すべての $i=1,2,3,\cdots$ について $(*)$ が成り立つ．そして仮定により $N_r=\{e\}$ であるから，$D_r(G)=\{e\}$ となる．

(証明終り)

定理 2.8.4　G を有限可解群 $(\neq\{e\})$ とすると，G の部分群の列

$$G=N_0 \supsetneqq N_1 \supsetneqq \cdots \supsetneqq N_s=\{e\}$$

があって $(s\geq 1)$，各 N_i は N_{i-1} の正規部分群で $(i=1,2,\cdots,s)$，かつ

N_{i-1}/N_i は素数位数の巡回群である.

証明 定理2.8.3を用いることにより，次の性質（*）を示せばよい.

（*）群 H は有限群で，正規部分群 M による剰余群 H/M は可換群とする．このとき，素数 p が $|H/M|$ の約数ならば，H の正規部分群 K で，

$$K \supseteq M, \quad |H/K| = p$$

となるものが存在する.

性質（*）を示すために，

$$p = p_1, |H/M| = p_1^{e_1} p_2^{e_2} \cdots p_r^{e_r} \quad (p_i \text{ は素数}, \ e_i \geq 1 \ (i=1, 2, \cdots, r))$$

とおく．このとき定理2.7.1と定理2.7.2を参考にして，H/M のシロー p_1–部分群 P_1 の位数 p^{e_1-1} の部分群 Q と H/M のシロー p_i–部分群 P_i $(i=2, 3, \cdots, r)$ によって，H/M は

$$|H/M : Q \times P_2 \times P_3 \times \cdots \times P_r| = p$$

となる部分群 $K/M = Q \times P_2 \times P_3 \times \cdots \times P_r$ をもつことになる．そして，この K は（*）を満たす.

（証明終り）

第3章

環

CHAPTER 03

3.1 イデアル

環 R の部分集合 S が R の部分環であるとは，S が R と同じ演算に関して環であり，S の単位元は R の単位元 1_R であるときにいう．

可換環 R の元 a に対し，$ab=0$ となる R の元 $b \neq 0$ があるとき，a を零因子という．零元 0 はもちろん零因子であるが，0 以外の零因子が存在しないとき R を整域という．

例 3.1.1

(1) 有理整数環 $\boldsymbol{Z}$ は整域である．

(2) 例 1.4.5 の (5) で紹介した $\boldsymbol{Z}_m$ に関して，たとえば $m=6$ のとき $\boldsymbol{Z}_6$ は整域ではない．なぜならば，

$$\overline{2} \cdot \overline{3} = \overline{0}$$

が成り立つからである．

(3) R が整域であれば，R 上の多項式環 $R[x]$ も整域である．なぜならば，2 つの 0 でない多項式

$$f(x)=a_0x^m+a_1x^{m-1}+\cdots+a_m\,(a_0 \neq 0),\ g(x)=b_0x^n+b_1x^{n-1}+\cdots+b_n\,(b_0 \neq 0)$$

に対し，$f(x)g(x)$ の最高次係数は a_0b_0 で，これは R が整域であるから 0 ではない．

可換環 R の空集合でない部分集合 I がイデアルであるとは，次の 2 つの条件を満たすことである．

(i) I の任意の元 a, b に対し，$a+b \in I$

(ii) I の任意の元 a と R の任意の元 r に対し，$ra \in I$

上の定義において，R 自身と $\{0\}$ も R のイデアルになるが，これらを R の自明なイデアルという．また $-1 \in R$ より，I の任意の元 a に対し I は $-a$ を元としてもつので，I は R の部分加法群である．

例 3.1.2

(1) 有理整数環 $\boldsymbol{Z}$ と自然数 m に対し，$m\boldsymbol{Z}=\{mx \mid x\in\boldsymbol{Z}\}$ は $\boldsymbol{Z}$ のイデアルである．

(2) 可換環 R 上の多項式環 $R[x]$ の元 $f(x)$ に対し，$f(x)R[x]=\{f(x)g(x) \mid g(x)\in R[x]\}$ は $R[x]$ のイデアルである．

上の例の (1), (2) のように，一般に可換環 R の元 a に対し，

$$Ra=\{ra \mid r\in R\}$$

は明らかに R のイデアルである ((i) と (ii) を確かめる)．これを，a で生成される R の単項イデアルという．

定理 3.1.1 可換環 R について，R が体であるためには，R が自明でないイデアルをもたないことは必要十分条件である．

証明 (必要性) I を $\{0\}$ と異なる R のイデアルとすると，0 でない I の元 a がある．そこで体の定義とイデアルの定義 (ii) より，

$$I\supseteq Ra\ni a^{-1}a=1$$

となるので，$I\supseteq R\cdot 1=R$ を得る．

(十分性) R の 0 でない任意の元 a に対し，単項イデアル Ra は $\{0\}$ ではないので，

$$Ra=R$$

が成り立つ．よって，R のある元 b に対し $ba=1$ となる．

(証明終り)

可換環 R のすべてのイデアルが単項イデアルであるとき，R を単項イデアル環という．さらに R が整域であれば，R を単項イデアル整域という．

可換環 R において，$R=R\cdot 1$, $\{0\}=R\cdot 0$ であるから，自明なイデアル R と $\{0\}$ はともに単項イデアルである．

例 3.1.3

(1) 有理整数環 $\boldsymbol{Z}$ は単項イデアル整域である．なぜならば，I を $\boldsymbol{Z}$ の自明でないイデアルとすると，I は0でない元をもつ．そのような元のうち，正の最小の元を a とする．I の任意の元 b に対し，

$$b=aq+r \quad (0\leq r<a)$$

となる $\boldsymbol{Z}$ の元 q, r をとると，

$$r=b-aq\in I$$

であるから，a の取り方より $r=0$ でなければならない．よって，$I=\boldsymbol{Z}a$ を得る．

(2) 体 K 上の多項式環 $K[x]$ は単項イデアル整域である．なぜならば，I を $K[x]$ の自明でないイデアルとすると，I は1次以上の多項式をもつ．そのような元のうち，最小次数の多項式を $f(x)$ とする．I の任意の元 $g(x)$ に対し，

$$g(x)=f(x)q(x)+r(x) \quad (\deg r<\deg f)$$

となる $K[x]$ の元 $q(x), r(x)$ がある．ただし $\deg r, \deg f$ は，それぞれ $r(x)$, $f(x)$ の次数である．このとき，

$$r(x)=g(x)-f(x)q(x)\in I$$

であるから，$f(x)$ のとり方より $r(x)=r\in K\cap I$ となる．$r\neq 0$ ならば，$K[x]=K[x]r\subseteq I$ となるから $r=0$ でなければならない．よって，$I=K[x]f(x)$ を得る．

(説明終り)

3.2 剰余環と準同型定理

定理 3.2.1　I を可換環 R の自明でないイデアルとする．加法群 R の部分群 I による剰余群 R/I に，次のように積の演算を定めると，R/I は可換環になる．

R/I の任意の元 $I+a$, $I+b$ $(a, b\in R)$ に対し，

$$(I+a)\cdot(I+b)=I+ab$$

証明　I の任意の元 i, j に対し，

$$(i+a)(j+b)=ij+ib+ja+ab$$
$$ij+ib+ja\in I$$

であるから，$(i+a)(j+b)$ は $I+ab$ の元となる．したがって，

$$(I+a)(I+b)=\{(i+a)(j+b)\mid i, j\in I\}\subseteq I+ab$$

と捉えることができるので，剰余群 R/I に積の演算が定義される．この積に関しては可換で，結合法則と分配法則が成り立つことも明らかである．さらに，I 自身が零元，$I+1$（1 は R の単位元）が単位元となる．

（証明終り）

上の定理における可換群 R/I を R の I による剰余環という．ちなみに例 1.4.5 の (5) で定めた $\boldsymbol{Z}/m\boldsymbol{Z}=\boldsymbol{Z}_m$ は，$\boldsymbol{Z}$ の $m\boldsymbol{Z}$ による剰余環となる．

なお上の証明において，集合としては $(I+a)(I+b)\subseteq I+ab$ であるが，積の演算として

$$(I+a)\cdot(I+b)=I+ab$$

を定めている点に注意する．実際，$R=\boldsymbol{Z}$ で $I=5\boldsymbol{Z}$ のとき，

$$(I+2)(I+2)\subseteq I+4,\quad -1\in I+4$$

であるが，

$$(5a+2)(5b+2)=-1$$

となる整数 a, b は存在しない．その点が剰余群の世界とは異なる点で（2章3節参照），初学者が迷い易いところでもある．

次に，可換環の世界における準同型定理について述べよう．

環 R から環 R' への写像 f が以下の条件 (i), (ii), (iii) を満たすとき，f は R から R' への環準同型写像，あるいは単に準同型写像という．

(i) R の任意の元 x, y に対し，$f(x+y)=f(x)+f(y)$

(ii) R の任意の元 x, y に対し，$f(xy)=f(x)f(y)$

(iii) $f(1_R)=1_{R'}$ （$1_R, 1_{R'}$ はそれぞれ R, R' の単位元）

さらに f が全単射であるとき，f を同型写像，R と R' は同型であるといい，記法として $R\cong R'$ で表す．

環 R から環 R' への環準同型写像 f があるとき，f による R の像 $f(R)$ を $\mathrm{Im}\, f$ で表し，f による $0_{R'}$（R' の零元）の逆像 $f^{-1}(0_{R'})$ を $\mathrm{Ker}\, f$ で表し，これを f の核という．

本書ではなるべく平易な議論を積み重ねていく立場から，イデアルは可換環の世界で定義している．そこで，以下の定理 3.2.2 と定理 3.2.3 は可換環として述べるが，本来は環として述べることもできる内容である．

定理 3.2.2 f を可換環 R から可換環 R' への準同型写像とするとき，$\mathrm{Im}\, f$ は R' の部分環で，$\mathrm{Ker}\, f$ は R のイデアルである．

証明 $\mathrm{Im}\, f$ の任意の元 $f(x), f(y)$ に対し（$x, y\in R$），

$$f(x)+f(y)=f(x+y)\in \mathrm{Im}\, f, \quad f(x)f(y)=f(xy)\in \mathrm{Im}\, f$$
$$f(x)+f(-x)=f(x-x)=f(0_R)=0_{R'}\in \mathrm{Im}\, f$$

であるから（$0_R, 0_{R'}$ はそれぞれ R, R' の零元），$\mathrm{Im}\, f$ は R' の部分加法群であり，また積に関して演算が閉じている．さらに準同型写像の定義より，$f(1_R)=1_{R'}$ であるので，$\mathrm{Im}\, f$ は R' の部分環となる．

次に，$\mathrm{Ker}\, f$ の任意の元 a, b と R の任意の元 r に対し，

$$f(a+b)=f(a)+f(b)=0_{R'}+0_{R'}=0_{R'}$$
$$f(ra)=f(r)f(a)=f(r)0_{R'}=0_{R'}$$

であるから，$a+b$ も ra も $\mathrm{Ker}\,f$ の元となる．よって，$\mathrm{Ker}\,f$ は R のイデアルである．

(証明終り)

定理 3.2.3（準同型定理）　φ を可換環 R から可換環 R' への準同型写像とするとき，

$$R/\mathrm{Ker}\,\varphi \cong \mathrm{Im}\,\varphi$$

が成り立つ．

証明　加法群としての準同型定理（定理 2.5.2）より，群としての同型

$$R/\mathrm{Ker}\,\varphi \cong \mathrm{Im}\,\varphi \qquad \cdots\cdots(*)$$

が成り立つ．ここで，$R/\mathrm{Ker}\,\varphi$ から $\mathrm{Im}\,\varphi$ の上への同型写像は定理 2.5.2 の証明での $\overline{\varphi}$ と同じものを用いるとすれば，$R/\mathrm{Ker}\,\varphi$ の任意の元 $(\mathrm{Ker}\,\varphi)+x$, $(\mathrm{Ker}\,\varphi)+y$ に対し $(x, y\in R)$，

$$\begin{aligned}\overline{\varphi}((\mathrm{Ker}\,\varphi+x)\cdot(\mathrm{Ker}\,\varphi+y)) &= \overline{\varphi}(\mathrm{Ker}\,\varphi+xy)\\ &= \varphi(xy)\\ &= \varphi(x)\cdot\varphi(y)\\ &= \overline{\varphi}(\mathrm{Ker}\,\varphi+x)\cdot\overline{\varphi}(\mathrm{Ker}\,\varphi+y)\end{aligned}$$
$$\overline{\varphi}(\mathrm{Ker}\,\varphi+1_R)=\varphi(1_R)=1_{R'}$$

を得る．したがって，$(*)$ は環としての同型になる．

(証明終り)

3.3 素イデアルと極大イデアル

可換環Rのイデアル$I\,(I\neq R)$について，剰余環R/Iが整域であるとき，IはRの素イデアルという．また，$R\supsetneqq J\supsetneqq I$となるイデアル$J$が存在しないとき，$I$は$R$の極大イデアルという．

定理 3.3.1 可換環Rのイデアル$I\,(I\neq R)$について，Iが極大イデアルであるためには，剰余環R/Iが体であることは必要十分条件である．

証明 可換環RのイデアルIは，極大イデアルとする．もし剰余環R/Iが$\{I\,(R/I$の零元$)\}$と異なるイデアルXをもつならば，

$$X=\{I+a \mid a\in\Lambda\subseteq R\}$$

と書くことにすれば$(\Lambda\ni x\neq y \Rightarrow I+x\neq I+y)$，

$$J=\bigcup_{a\in\Lambda}(I+a) \quad (\text{直和})$$

は，Rのイデアルとなる．なぜならば，Jの任意の元jとRの任意の元rに対し，$j\in I+a$となる$a\in\Lambda$をとると，

$$rj\in(I+r)(I+a)\subseteq I+ra=I+b\in X$$

となる$b\in\Lambda$がある．よって，$rj\in J$である．

また，Jの任意の元j, j'に対し，

$$j\in I+a,\quad j'\in I+a'$$

であるXの元$I+a, I+a'$に対し$(a, a'\in\Lambda)$，

$$j+j'\in(I+a)+(I+a')=I+(a+a')=I+b\in X$$

となる$b\in\Lambda$がある．よって，$j+j'\in J$である．

したがってJはRのイデアルとなるが，$I\subsetneqq J$であるので，仮定より$J=R$となる．よって$X=R/I$となって，定理 3.1.1 よりR/Iは体となる．

逆に，可換環 R のイデアル I について剰余環 R/I は体であるとする．R が $I \subsetneq J$ となるイデアル J をもつならば，$J-I$ の任意の元 j に対し，

$$(I+j)(I+x)=I+1 \quad (R/I \text{ の単位元})$$

となる R/I の元 $I+x$ $(x \in R)$ が存在する．そこで，I のある元 i に対し，

$$jx=i+1$$
$$1=xj-i \in J$$

となって，$J=R$ となる．よって，I は R の極大イデアルである．

（証明終り）

上の定理より，可換環 R の極大イデアルは素イデアルとなる．次の定理は，R が単項イデアル整域ならばその逆もいえることを意味している．

定理 3.3.2　単項イデアル整域 R において $\{0\}$ と異なるイデアル I が素イデアルならば，I は R の極大イデアルである．

証明　I を $\{0\}$ と異なる素イデアルとする．仮定より，$I=Ra$ $(a \in R, a \neq 0)$ とおくことができる．もし，I が極大イデアルでないならば，

$$I=Ra \subsetneq J=Rb \subsetneq R \quad (b \in R)$$

となるイデアル J がある．このとき，$a=bx$ となる R の元 x がある．R/I において

$$(I+b)(I+x)=I+bx=I+a=I$$

となるが，I は R の素イデアルなので，R/I において

$$I+b=I \quad \text{または} \quad I+x=I$$

が成り立つ．ここで $b \notin I$ であるので，$x \in I$ でなくてはならない．よって，$x=ay$ となる R の元 y があることから，R の整域性と $a \neq 0$ を用いて，

$$a=bay$$
$$a(1-by)=0$$
$$1-by=0$$

となって，$1\in J$ を得る．これは J の取り方に反して，矛盾である．

（証明終り）

例 3.3.1 例 3.1.3 の (1) より，有理整数環 $\boldsymbol{Z}$ は単項イデアル整域である．2 以上の自然数 n について $n\boldsymbol{Z}$ が $\boldsymbol{Z}$ の素イデアルならば，定理 3.3.2 より $n\boldsymbol{Z}$ が $\boldsymbol{Z}$ の極大イデアルとなり，それゆえ定理 3.3.1 より $\boldsymbol{Z}/n\boldsymbol{Z}$ は体となる．したがって，$n\boldsymbol{Z}$ が $\boldsymbol{Z}$ の素イデアルならば，n は素数である．

（説明終り）

整域 R 上の 1 次以上の多項式 $f(x)$ が，$R[x]$ において

$$f(x)=g(x)h(x),\quad \deg\ g\geq 1, \deg\ h\geq 1$$

と分解されるとき，$f(x)$ は可約であるという．また，$f(x)$ が可約でないときは，既約であるという．

定理 3.3.3 $f(x)$ を体 K 上の多項式とするとき，多項式環 $K[x]$ の単項イデアル $K[x]f(x)$ が素イデアルであるためには，$f(x)$ は既約であることが必要十分な条件である．

証明 まず，例 3.1.3 の (2) と定理 3.3.1 と定理 3.3.2 より，単項イデアル $K[x]f(x)$ が素イデアルであることと極大イデアルであることは同値である．さらに以下が成り立つので，証明は完成されたことになる．

$f(x)$ が可約

$\Leftrightarrow$ $f(x)=g(x)h(x)$ となる 1 次以上の多項式 $g(x), h(x)$ がある

$\Leftrightarrow$ $K[x]\supsetneqq K[x]g(x)\supsetneqq K[x]f(x)$

$\Leftrightarrow$ $K[x]f(x)$ は極大イデアルではない

（証明終り）

さて，計算機が発達した現在においては，具体的な整数係数の多項式が既約か可約であるかは瞬時にわかる時代になったといえる．実際，でたらめに係数を定めた多項式を調べると，ほとんどは既約になる．そのような時代になったとは言え，次の定理は一般的な形で既約多項式を与えるだけに意義がある．

定理 3.3.4（アイゼンシュタイン）　整数係数の n 次多項式（$n \geq 1$）

$$f(x) = a_n x^n + a_{n-1} x^{n-1} + \cdots + a_2 x^2 + a_1 x + a_0$$

について，

$$p \nmid a_n \quad (p \text{ は } a_n \text{ の約数でない})$$
$$p \mid a_i \ (i = 0, 1, \cdots, n-1) \quad (p \text{ は } a_i \text{ の約数}), \quad p^2 \nmid a_0$$

を満たす素数 p があれば，$f(x)$ は既約である．

証明　いま $f(x)$ が可約であるならば，次のような 1 次以上の整数係数多項式 $g(x), h(x)$ がある．（$g(x)$ と $h(x)$ の最高次数が $n-1$ ということではない）．

$$f(x) = g(x) h(x)$$
$$g(x) = b_{n-1} x^{n-1} + b_{n-2} x^{n-2} + \cdots + b_1 x + b_0$$
$$h(x) = c_{n-1} x^{n-1} + c_{n-2} x^{n-2} + \cdots + c_1 x + c_0$$

ここで，

$$p \mid a_0, \quad p^2 \nmid a_0, \quad a_0 = b_0 c_0$$

であるから，b_0 か c_0 の一方は p の倍数で，他方は p の倍数ではない．そこで，$p \mid b_0$, $p \nmid c_0$ としてよい．次に，

$$p \mid a_1, \quad p \mid b_0, \quad p \nmid c_0, \quad a_1 = b_0 c_1 + b_1 c_0$$

から，$p \mid b_1$ でなければならない．また，

$$p \mid a_2, \quad p \mid b_0, \quad p \mid b_1, \quad p \nmid c_0, \quad a_2 = b_0 c_2 + b_1 c_1 + b_2 c_0$$

から，$p \mid b_2$ でなければならない．さらに，

$$p \mid a_3,\quad p \mid b_0,\quad p \mid b_1,\quad p \mid b_2,\quad p \nmid c_0,\quad a_3 = b_0c_3 + b_1c_2 + b_2c_1 + b_3c_0$$

から，$p \mid b_3$ でなければならない．以下，同様にして，

$$p \mid b_0,\quad p \mid b_1,\quad p \mid b_2,\quad p \mid b_3,\quad \cdots,\quad p \mid b_{n-1}$$

を得る．よって，

$$a_n = b_1c_{n-1} + b_2c_{n-2} + b_3c_{n-3} + \cdots + b_{n-1}c_1$$

は p の倍数になる．これは仮定に反し矛盾である．

(証明終り)

例 3.3.2　上の定理で，$n=7$，$p=11$ としてみると，

$$f(x) = x^7 - 154x + 99,\quad g(x) = x^7 - 231x^3 - 462x^2 + 77x + 66$$

はどちらも既約であることが分かる．

例 3.3.3　p を素数とすると，

$$f(x) = x^{p-1} + x^{p-2} + \cdots + x + 1$$

は既約であることがアイゼンシュタインの定理より分かる．なぜならば，$f(x)$ が既約であることと，$f(x+1)$ が既約であることは同値である．そして

$$f(x) = \frac{x^p - 1}{x - 1}$$

であるから，

$$f(x+1) = \frac{(x+1)^p - 1}{x+1-1} = \frac{(x+1)^p - 1}{x}$$
$$= x^{p-1} + {}_pC_1x^{p-2} + {}_pC_2x^{p-3} + \cdots + {}_pC_{p-2}x + {}_pC_{p-1} \qquad \cdots\cdots(*)$$

を得る．ここで，$i = 1, 2, \cdots, p-1$ のとき

$${}_pC_i=\frac{p!}{(p-i)!\,i!}$$

であり，この右辺の分子は p の倍数で，p^2 の倍数ではない．また，この右辺の分母は p の倍数ではない．したがって，(*) にアイゼンシュタインの定理が使えて，$f(x+1)$ は既約となる．

(説明終り)

3.4 一意分解整域

学校教育の段階では，整数の素因数分解や多項式の因数分解の一意性は暗黙の了解事項として扱ってきた．本節では，それらを一意分解整域という世界でまとめて証明する．

準備も兼ねて，いくつかの言葉の定義から始めよう．

環 R の元 u に対し，

$$vu=uv=1$$

となる R の元 ι があるとき，u を正則元または単数，v を u の逆元といい，v を u^{-1} で表す．R の正則元全体は積・に関して群になるが，これを R の単数群という．R の元 x が正則元でないとき，x を非正則元という．

整域 R の元 a, b に対し ($b\neq 0$)，$a=bc$ となる R の元 c があるとき，b は a の約元，a は b の倍元という．とくに c が正則元であるとき，a と b は同伴であるという．明らかに，同伴であるという関係は R における同値関係になる．

整域 R の元 $a_1, a_2, \cdots, a_n$ に対し，それらの共通の倍元を公倍元，それらの共通の約元を公約元という．d が $a_1, a_2, \cdots, a_n$ の公約元で，$a_1, a_2, \cdots, a_n$ の任意の公約元が d の約元であるとき，d を $a_1, a_2, \cdots, a_n$ の最大公約元という．また，m が $a_1, a_2, \cdots, a_n$ の公倍元で，$a_1, a_2, \cdots, a_n$ の任意の公倍元が m の倍元であるとき，m を $a_1, a_2, \cdots, a_n$ の最小公倍元という．なお一般の場合，最大公約元や最小公倍元は必ずしも存在するとは限らない．

整域 R の元 $a_1, a_2, \cdots, a_n$ に対し，d と d' をそれらの最大公約元とすると，d は d' の，d' は d の約元であるから，$d=d'u$ となる正則元 u が存在する．なぜならば，

$$d=d'u,\ d'=dv$$

となる R の元 u, v があるので，

$$d(1-uv)=0$$

を得る．ここで整域の性質を用いて，$uv=1$ となり，それゆえ u と v は正則元である．したがって，d と d' は同伴である．

同様にして，m と m' を $a_1, a_2, \cdots, a_n$ の最小公倍元とすると，m と m' は同伴である．よって，最大公約元や最小公倍元が存在するとき，それらは同伴を無視すれば一意的に定まるのである．

整域 R の正則元でない元 $a\,(\neq 0)$ が，a と同伴な元と正則元以外には約元をもたないとき，a は既約元という．R の正則元でない元 $p\,(\neq 0)$ について，単項イデアル Rp が R の素イデアルであるとき，p を R の素元という．

定理 3.4.1　p が整域 R の素元ならば，p は R の既約元である．

証明　$p=ab\ (a, b\in R)$ とすると，$ab\in Rp$ であるから，a または b が Rp の元となる．いま $a\in Rp$ とすると，$a=pc\ (c\in R)$ とおくことができて，

$$p(1-bc)=0$$
$$1-bc=0$$

を得る（R の整域性を使用）．よって，b は正則元となる．同様にして，$b\in Rp$ とすると，a は正則元となる．

（証明終り）

整域 R において，正則元でない任意の元（$\neq 0$）は有限個の素元の積として表されるとき，R を素元分解整域という．

$\boldsymbol{R}[x]$ において，

$$x(2x-1)(3x-1)=6x\left(x-\frac{1}{2}\right)\left(x-\frac{1}{3}\right)$$

が成り立つ．このような例を念頭に置いて，次の定理を読んでいただきたい．

定理 3.4.2　素元分解整域 R において，

$$p_1p_2\cdots p_m=q_1q_2\cdots q_n$$

を両辺とも素元の積とすれば（p_i も q_j も素元），$m=n$ であり，番号を付け直すことによって p_i と q_i は同伴となる（$i=1, 2, \cdots, m$）．

証明　m に関する数学的帰納法で示す．$m=1$ のとき，p_1 は前定理より既約元である．よって，p_1 の約元 q_1 は p_1 と同伴な元である．そこで，$q_1=p_1a$（a は正則元）と表すことができ，

$$p_1=p_1aq_2\cdots q_n$$
$$aq_2\cdots q_n=1$$

から，$n=1$ を得る．

$m>1$ のとき，$q_1q_2\cdots q_n\in Rp_1$ であり，Rp_1 は素イデアルであるから，$q_1, q_2, \cdots, q_n$ のどれかは Rp_1 の元となる．そこで，$q_1\in Rp_1$ としてよい．このとき，$q_1=p_1a$（a は正則元）と表すことができ（p_1 と q_1 は同伴），

$$p_1p_2\cdots p_m=p_1aq_2\cdots q_n$$
$$p_2\cdots p_m=(aq_2)q_3\cdots q_n$$

となる（R の整域性を使用）．ここで aq_2 も R の素元であるから，数学的帰納法の仮定により $m-1=n-1$ で，番号を付け直すことによって p_i と q_i は同伴となる（$i=1, 2, 3, \cdots, m$）．

（証明終り）

上の定理を踏まえて，素元分解整域を一意分解整域ともいう．

定理 3.4.3 素元分解整域においては，元 a が素元であることと，元 a が既約元であることは同値である．

証明 定理 3.4.1 を踏まえると，素元分解整域 R の既約元 a に対し，a は R の素元となることを示せばよい．いま，

$$a = p_1 p_2 \cdots p_n \quad (p_i \text{ は素元})$$

とすると，既約元 a の約元は a と同伴な元か正則元であるので，a は p_1 と同伴な元 $p_1 r$ (r は正則元) としてよい．このとき，

$$p_1 r = p_1 p_2 \cdots p_n$$
$$r = p_2 p_3 \cdots p_n$$

から，$n=1$ でなければならない．よって $Ra = Rp_1$ となるので，a は素元である．

(証明終り)

本節で主目標とする定理は定理 3.4.5 である．次の定理はその証明の最初で使うものである．

定理 3.4.4 p を単項イデアル整域 R の既約元とすると，p は R の素元である．

証明 定理 3.3.1 と素イデアルの定義より，イデアル Rp は R の極大イデアルとなることを示せばよい．いま，

$$Rp \subseteq Rq \subsetneq R \qquad \cdots\cdots(*)$$

となるイデアル Rq ($q \in R$) があると，$p = qr$ となる R の元 r がある．ここで p は既約元であるから，q または r は正則元となる．q が正則元ならば $Rq = R$ となって，$(*)$ に反して矛盾．よって，r が正則元となる．したがって $Rp = Rq$ となるので，Rp は R の極大イデアルとなる．

(証明終り)

定理 3.4.5 単項イデアル整域は素元分解整域（一意分解整域）である．

証明 最初に定理3.4.1と定理3.4.4より，単項イデアル整域Rにおいては素元と既約元は同じものであることに留意する．

いま結論を否定して，有限個の既約元（素元）の積として表されないRの非正則元$a_0(\neq 0)$があるとして矛盾を導こう．まずa_0は既約元でないので，

$$a_0=a_1b_1,\quad Ra_1\subsetneq R,\quad Rb_1\subsetneq R$$

となる元a_1, b_1がある．ここで背理法の仮定より，a_1とb_1の両方が同時に有限個の既約元の積として表されることはない．そこで，a_1は有限個の既約元の積として表されないRの非正則元としてよい．上と同様にして，

$$a_1=a_2b_2,\quad Ra_2\subsetneq R,\quad Rb_2\subsetneq R$$

となる元a_2, b_2があって，a_2とb_2の両方が同時に有限個の既約元の積として表されることはない．そこで，a_2は有限個の既約元の積として表されないRの非正則元としてよい．

以下同様に繰り返すことにより，

$$Ra_0\subsetneq Ra_1\subsetneq Ra_2\subsetneq\cdots\quad(\subsetneq R)\qquad\cdots\cdots(*)$$

という単項イデアルの無限列が存在することになる．いま$(*)$において，$Ra_i\subsetneq Ra_{i+1}\,(i=0, 1, 2, \cdots)$となる訳は，もし$Ra_i=Ra_{i+1}$とすると，$ra_i=a_{i+1}$となる$R$の元$r$があるので，

$$a_i=a_{i+1}b_{i+1}=ra_ib_{i+1}$$
$$a_i(1-rb_{i+1})=0$$

からb_{i+1}は正則元になる．これは，$Rb_{i+1}\subsetneq R$に反するからである．

ここで，

$$I=\bigcup_{i=0}^{\infty}Ra_i$$

とおくと，$Ra_i \not\ni 1$ $(i=0, 1, 2, \cdots)$ であるから $I \not\ni 1$ である．そして I の任意の元 x, y に対し，

$$x \in Ra_s, \quad y \in Ra_t$$

となる s, t がある．さらに，R の任意の元 r に対し，

$$s \leq t \text{ ならば } x,\ y,\ x+y,\ rx \in Ra_t \subseteq I,$$
$$s > t \text{ ならば } x,\ y,\ x+y,\ rx \in Ra_s \subseteq I$$

を満たす．したがって I は単項イデアル整域 R のイデアル $(\neq R)$ となるので，$I=Rc$ となる R の元 c がある．ところが c は I の元ゆえ，$c \in Ra_n$ となる自然数 n が存在する．よって，

$$Ra_n = Ra_{n+1} = Ra_{n+2} = \cdots$$

となって，(*) に反して矛盾である．

(証明終り)

例 3.4.1 例 3.1.3 より次の (1), (2) が分かる．

(1) 有理整数環 $\boldsymbol{Z}$ は一意分解整域で，正則元は ± 1，素元は素数である．

(2) 体 K 上の多項式環 $K[x]$ は一意分解整域で，正則元は 0 でない K の元，素元は既約多項式である（定理 3.3.3）．

本節の最後に，一意分解整域における最大公約元と最小公倍元について述べる．これは整数の世界における最大公約数と最小公倍数を拡張したものである．まず次の定理は，定理 3.4.2 や高等学校で学ぶ因数分解を思い出せば，その成立はやさしく分かるだろう．

定理 3.4.6 一意分解整域 R において，a と b を非正則元とすると，

$$a = up_1^{e_1} p_2^{e_2} \cdots p_n^{e_n}, \quad b = vp_1^{f_1} p_2^{f_2} \cdots p_n^{f_n}$$

という形に一意的に表される．ただし，各 e_i と f_i は 0 以上の整数で，そ

のどちらかは1以上，u と v は正則元，$p_1, p_2, \cdots, p_n$ は互いに同伴でない素元である．そして，

$$a とbの最大公約元 = {p_1}^{d_1}{p_2}^{d_2}\cdots{p_n}^{d_n}$$
$$a とbの最小公倍元 = {p_1}^{m_1}{p_2}^{m_2}\cdots{p_n}^{m_n}$$

が成り立つ．ただし，

$d_i = \min\{e_i, f_i\}$（小さい方の値），　$m_i = \max\{e_i, f_i\}$（大きい方の値）

定理 3.4.7　R を単項イデアル整域，$a_1, a_2, \cdots, a_n$ を R の非正則元とするとき，

$$Ra_1 + Ra_2 + \cdots + Ra_n = \{r_1a_1 + r_2a_2 + \cdots + r_na_n \mid r_i \in R\}$$

は R のイデアルで，$a_1, a_2, \cdots, a_n$ の最大公約元 d によって，

$$Ra_1 + Ra_2 + \cdots + Ra_n = Rd$$

と表せる．

証明　まず，定理 3.4.5 により R は一意分解整域となるので，定理 3.4.6 のように考えて，$a_1, a_2, \cdots, a_n$ の最大公約元 d をとることができる．また，$Ra_1 + Ra_2 + \cdots + Ra_n$ が R のイデアルであることは明らか．そこで R は単項イデアル整域なので，

$$Ra_1 + Ra_2 + \cdots + Ra_n = Rc$$

となる $c \in R$ がある．$R \ni 1$ より，$a_1, a_2, \cdots, a_n$ は Rc の元である．よって，c は $a_1, a_2, \cdots, a_n$ の公約元となって，c は d の約元である．

一方，d は $a_1, a_2, \cdots, a_n$ の約元なので，

$$a_i = db_i \quad (i = 1, 2, \cdots, n)$$

となる $b_1, b_2, \cdots, b_n \in R$ がある．したがって，

$$Rd \supseteq Rdb_1 + Rdb_2 + \cdots + Rdb_n = Rc$$

より $Rd \ni c$ となるので，d は c の約元である．以上から，c と d は同伴である．

(証明終り)

例 3.4.2

（1）$a_1, a_2, \cdots, a_n$ を整数，d を $a_1, a_2, \cdots, a_n$ の最大公約数とすると，

$$\mathbf{Z}a_1 + \mathbf{Z}a_2 + \cdots + \mathbf{Z}a_n = \mathbf{Z}d$$

（2）$f_1(x), f_2(x), \cdots, f_n(x)$ を体 K 上の多項式，$d(x)$ を $f_1(x), f_2(x), \cdots, f_n(x)$ の最大公約元とすると，

$$K[x]f_1(x) + K[x]f_2(x) + \cdots + K[x]f_n(x) = K[x]\,d(x)$$

第 4 章

体の拡大

CHAPTER 04

4.1　標　数

体Kが体Lに含まれるとき，KはLの部分体，LはKの拡大体という．このとき，Kの単位元1_KとLの単位元1_Lは同じものである（Lにおいて，$(1_K)^2=1_K$から$1_K=1_L$）．また，$L \supseteq M \supseteq K$となる体$M$を$K$と$L$の中間体という．

体Kが体Lの部分体で，SがLの部分集合のとき，$K \cup S$を含む最小のLの部分体を$K(S)$で表し，これをKの上にSで生成された部分体，あるいはKとSの合成体という．$K \cup S$を含むLの部分体全体からなる集合を$\aleph$とするとき，

$$K(S)=\bigcap_{M \in \aleph} M$$

である．また，m, nを$\boldsymbol{N}$の元を動くとし，$f(x_1, x_2, \cdots, x_m)$は多項式環$K[x_1, x_2, \cdots, x_m]$の元，$g(x_1, x_2, \cdots, x_n)$は多項式環$K[x_1, x_2, \cdots, x_n]$の元をそれぞれ動くとき，集合

$$\left\{\frac{f(a_1, a_2, \cdots, a_m)}{g(b_1, b_2, \cdots, b_n)} \,\middle|\, a_1, \cdots, a_m, b_1, \cdots, b_n \in S, g(b_1, \cdots, b_n) \neq 0\right\}$$

は$K(S)$と一致することが分かる．

なお，$S=\{a_1, a_2, \cdots, a_t\}$のとき，$K(S)$を$K(a_1, a_2, \cdots, a_t)$と書く．

例 4.1.1　実数体$\boldsymbol{R}$において，

$$M=\{a+b\sqrt{2}+c\sqrt{3}+d\sqrt{6} \mid a, b, c, d \in \boldsymbol{Q}\}$$

とおくと，$\boldsymbol{Q}(\sqrt{2}, \sqrt{3})=M$となることを示そう．

$\sqrt{2}\cdot\sqrt{3}=\sqrt{6}$であるから，$M$は$\boldsymbol{Q}(\sqrt{2}, \sqrt{3})$に含まれる．また，$M$は$\boldsymbol{Q}$と$\sqrt{2}$と$\sqrt{3}$を含む可換環である．そこで，$M$の0でない任意の元

$$\alpha=a+b\sqrt{2}+c\sqrt{3}+d\sqrt{6}=a+b\sqrt{2}+\sqrt{3}(c+d\sqrt{2}) \quad (a, b, c, d \in \boldsymbol{Q})$$

は，（積に関する）逆元を（Mで）もつことをいえばよい．

$c+d\sqrt{2}=0$ のとき，

$$\alpha^{-1}=\frac{1}{a+b\sqrt{2}}=\frac{a-b\sqrt{2}}{a^2-2b^2}=\frac{a}{a^2-2b^2}+\frac{-b}{a^2-2b^2}\sqrt{2}$$

となるので，α^{-1} は M の元である．

$c+d\sqrt{2}\neq 0$ のとき，$\beta=a+b\sqrt{2}-\sqrt{3}(c+d\sqrt{2})$ は 0 でない．なぜならば，$\beta=0$ とすると，

$$\sqrt{3}=\frac{a+b\sqrt{2}}{c+d\sqrt{2}}=e+f\sqrt{2}\quad(e,f\in\boldsymbol{Q})$$

とおくことができ，矛盾が導かれる．そこで $\alpha\beta$ は 0 でなく，

$$\alpha\beta=(a+b\sqrt{2})^2-3(c+d\sqrt{2})^2=g+h\sqrt{2}\quad(g,h\in\boldsymbol{Q})$$

とおくことができる．いま，

$$\gamma=\frac{g}{g^2-2h^2}+\frac{-h}{g^2-2h^2}\sqrt{2}$$

とおくと，$\alpha\beta\gamma=1$ を得る．ここで，β と γ は M の元であるから，$\beta\gamma$ も M の元である．したがって，α の逆元は M の元である．

（説明終り）

体 K とその単位元 1 について，

$$n\cdot 1=1+1+1+\cdots+1\,(1\text{ を } n \text{ 個加えたもの})=0$$

となる自然数 n があるとき，そのような n の最小の値を K の標数という．また，そのような自然数 n がないとき，K の標数は 0 であるという．

定理 4.1.1　体の標数は 0 か素数である．

証明　体 K の標数 n が 0 でも素数でもないとすると，

$$n=ab,\quad 1<a<n,\quad 1<b<n$$

となる自然数 a, b が存在することになる．ただし，a, b はそれぞれ 1 を a 個，b 個加えたものである．ところが体は整域であるから，$a\cdot 1=0$ または

$b\cdot 1=0$ が成り立つ．これは，標数の定義に反して矛盾．

(証明終り)

体 K の標数が素数 p ならば，K の任意の元 a に対し，$pa=0$ である．なぜならば，

$$pa=\overbrace{a+a+\cdots+a}^{p\text{個}}=(\overbrace{1+1+\cdots+1}^{p\text{個}})a=0\cdot a=0$$

が成り立つからである．

体 K とその単位元 1 について，1 で生成された部分体，すなわち K の最小の部分体を K の素体という．また，整域 R とその単位元 1 について，1 で生成された部分整域，すなわち R の最小の部分整域を R の素整域という．

定理 4.1.2 体 K の素体を K_0 とすると，K の標数が 0 ならば K_0 は有理数体 $\boldsymbol{Q}$ と体（環）として同型で，K の標数が p（素数）ならば K_0 は $\boldsymbol{Z}_p=\boldsymbol{Z}/p\boldsymbol{Z}$ と体（環）として同型である．

証明 K の標数が 0 ならば，K は有理整数環 $\boldsymbol{Z}$ と同型な部分整域をもつので，K_0 は $\boldsymbol{Q}$ と同型になる．また K の標数が p ならば，K は $\boldsymbol{Z}_p$ と同型な部分整域をもち（1 章を参照），それ自身が体なので K_0 は $\boldsymbol{Z}_p$ と同型になる．

(証明終り)

定理 4.1.3 体 K の標数を p（素数）とするとき，任意の自然数 n と K の任意の元 a, b に対し次式が成り立つ．

$$(a\pm b)^{p^n}=a^{p^n}\pm b^{p^n}$$

証明 $n=1$ のとき，二項定理から

$$(a+b)^p=a^p+\sum_{i=1}^{p-1}{}_p\mathrm{C}_i a^{p-i}b^i+b^p$$

となり，${}_pC_i\ (i=1, 2, \cdots, p-1)$ は p の倍数であるから，

$$(a+b)^p=a^p+b^p$$

を得る．また，上式を次々と p 乗していけば，

$$(a+b)^{p^n}=a^{p^n}+b^{p^n}$$

の成立もわかる．最後に，p が奇素数のときは上式の b を $-b$ で置き換え，そして p が 2 のときは b と $-b$ は等しいので，結論の式を得る．

（証明終り）

例 4.1.2　標数 p（素数）の体 K において，K の各元 a を a^p に対応させる写像 f をフロベニウス写像というが，これは体 K から体 K の中への同型写像になる．実際，K の任意の元 a, b に対し

$$f(ab)=(ab)^p=a^p b^p=f(a)f(b)$$

である．また上の定理より，

$$f(a+b)=a^p+b^p=f(a)+f(b)$$

である．よって，f は K から K の中への体（環）としての準同型写像である．さらに，K の元 a, b に対し $f(a)=f(b)$，すなわち $a^p=b^p$ とすると，再び上の定理より，

$$(a-b)^p=0$$
$$a=b$$

となる．よって，f は K から K の中への同型写像である．

（説明終り）

本節の最後に，元の個数が有限の体である有限体について触れておこう．標数 0 の体は明らかに無限個の元をもつ．それゆえ，有限体の標数は素数である．本章 5 節で説明するが，任意の素数巾 p^e（p は素数，e は自然数）に対し，元の個数が p^e の有限体は同型を除き 1 つだけ存在する．

また，標数 p（素数）の任意の有限体 K について，K の素体を K_0 とすると，K は K_0 上有限次元線形空間になる（定理 1.3.1 およびその直後の文を参照）．この次元を n とすると，K の元の個数は p^n になる．

また，$|K|=p^n$（p は素数）となる有限体について，$K-\{0\}$ は（積に関して）位数が p^n-1 の可換群である．そして次の定理より，$K-\{0\}$ は位数が p^n-1 の巡回群となる．

定理 4.1.4 体 K の 0 を除く積に関する群の有限部分群 G は巡回群である．

証明 G の位数を g とし，g の任意の約数 m をとる．このとき，G において方程式 $x^m-1=0$ を満たす解は m 以下である．なぜならば，$\alpha_1, \alpha_2, \cdots, \alpha_s$ をこの方程式の相異なる解とすると，$x-\alpha_1, x-\alpha_2, \cdots, x-\alpha_s$ は x^m-1 の約元である（高校数学の因数定理，例 3.1.3 の (2) を参照）．よって多項式 x^m-1 は，

$$(x-\alpha_1)(x-\alpha_2)\cdots(x-\alpha_s)$$

の倍元になる（$K[x]$ は素元分解環）．ここで最高次係数を見ることにより，$s \leq m$ を得る．それゆえ定理 2.2.3 より，G は巡回群となる．

（証明終り）

4.2 代数拡大

体 L は体 K の拡大体であるとする．このとき，L の元 α が K 上のある多項式 $f(x)(\neq 0)$ の根であるとき，α は K 上代数的であるといい，そうでないとき超越的であるという．また，L のすべての元が K 上代数的のとき，L は K の代数拡大体であるという．

体 L が体 K の拡大体であるとき，L は K 上の線形空間である．この線形空間の次元を $[L:K]$ で表し，L の K 上の次数という．とくに $[L:K]$ が有限のとき，L は K の有限次拡大体という．

定理 4.2.1 体 L が体 K の有限次拡大体であるとき，L は K の代数拡大体である.

証明 $[L:K]=n$ とする．L の任意の元 α に対し，L の $n+1$ 個の元 $1, \alpha, \alpha^2, \cdots, \alpha^n$ は K 上 1 次従属である．したがって，K の元 $a_0, a_1, a_2, \cdots, a_n$ $((a_0, a_1, a_2, \cdots, a_n) \neq (0, 0, \cdots, 0))$ があって，

$$a_0 1 + a_1 \cdot \alpha + a_2 \cdot \alpha^2 + \cdots + \alpha_n \cdot \alpha^n = 0$$

となるので，α は K 上代数的である.

(証明終り)

定理 4.2.2 $K \subseteq M \subseteq L$ となる体 K, M, L があって，

$[L:M]=m$．$[M:K]=n$ のとき，

$[L:K]=mn$

が成り立つ.

証明 L を M 上の線形空間と見たときの基底 $\{u_1, u_2, \cdots, u_m\}$ と，M を K 上の線形空間と見たときの基底 $\{v_1, v_2, \cdots, v_n\}$ をとる $(u_i \in L, v_j \in M)$．このとき，K 上の線形空間 L は $\{u_i v_j \mid i=1, \cdots, m, j=1, \cdots, n\}$ で生成される．また，

$$\sum_{i,j} \alpha_{ij} u_i v_j = 0 \quad (\alpha_{ij} \in K)$$

とすると，

$$\sum_{i=1}^{m} \left(\sum_{j=1}^{n} \alpha_{ij} v_j \right) u_i = 0$$

から $u_1, u_2, \cdots, u_m$ の M 上の 1 次独立性を用いて，

$$\sum_{j=1}^{n} \alpha_{1j} v_j = \sum_{j=1}^{n} \alpha_{2j} v_j = \cdots = \sum_{j=1}^{n} \alpha_{mj} v_j = 0$$

そして $v_1, v_2, \cdots, v_n$ の K 上の 1 次独立性を用いて

$$\alpha_{1j} = 0\,(j=1, \cdots, n),\ \alpha_{2j} = 0\,(j=1, \cdots, n), \cdots, \alpha_{mj} = 0\,(j=1, \cdots, n)$$

を得る．したがって，$\{u_i v_j \mid i=1, \cdots, m, j=1, \cdots, n\}$ は K 上の線形空間 L の

基底となる．

(証明終り)

体 L が体 K の拡大体で，L の元 α が K 上代数的であるとき，

$$I=\{f(x)\in K[x]\mid f(\alpha)=0\}$$

とおくと，I は $K[x]$ のイデアルであることが易しくわかる（3章1節のイデアルの定義を参照）．

そして，

$$K[\alpha]=\{f(\alpha)\mid f(x)\in K[x]\}$$

とおくと，$K[\alpha]$ は L の部分環になるが，剰余環 $K[x]/I$ は $K[\alpha]$ と環として同型になる．

なぜならば，$K[x]$ の任意の元 $g(x)$ を $g(\alpha)$ に対応させる写像 φ は，環 $K[x]$ から環 $K[\alpha]$ の上への準同型写像である．そして，I の定義より $\mathrm{Ker}\,\varphi=I$ である．よって，準同型定理（定理3.2.3）より

$$K[x]/I\cong K[\alpha]$$

が成り立つ．

ここで，$K[\alpha]$ は整域であるので，I は $K[x]$ の素イデアルである．ところが $K[x]$ は単項イデアル整域であるので（例3.1.3の(2)），定理3.3.2より I は $K[x]$ の極大イデアルである．それゆえ定理3.3.1より，$K[x]/I$ すなわち $K[\alpha]$ は体となる．よって，

$$K(\alpha)=K[\alpha]$$

を得る．そして，I は単項イデアルであるので，

$$I=K[x]f(x),\quad f(x)=x^n+a_1x^{n-1}+a_2x^{n-2}+\cdots+a_{n-1}x+a_n \quad \cdots\cdots(*)$$

となる I の生成元 $f(x)$ がある．（$f(x)$ の最高次係数（$\neq 0$）が1でなければ，$f(x)$ をそれで割ったものを改めて $f(x)$ とすればよい．）実は，この $f(x)$

はIに対して，すなわちαに対して一意的に定まる．なぜならば，そのようなIの生成元$g(x)$があるならば，$f(x)$と$g(x)$は互いに他の約元であり，最高次係数はともに1であるから，$f(x)=g(x)$が導かれる．

言葉の定義であるが，αに対して（＊）のように一意的に定まる$K[x]$の元$f(x)$をαのK上の最小多項式といい，$\mathrm{Irr}(\alpha, K)$で表す（irreducible：既約）．もちろん，$\mathrm{Irr}(\alpha, K)$はK上の既約多項式である（定理3.3.3を参照）．

なお，一般に最高次係数が1の多項式をモニックという．そこで，$\mathrm{Irr}(\alpha, K)$はモニックな既約多項式である．

定理 4.2.3　体Lが体Kの拡大体で，Lの元αがK上代数的であるとき，

$$K(\alpha)=K[\alpha],\quad [K(\alpha):K]=\deg \mathrm{Irr}(\alpha, K)$$

が成り立つ．

証明　左の等式は上で説明しているので，右の等式を示せばよい．$\deg \mathrm{Irr}(\alpha, K)=n$とすると，$\{1, \alpha, \alpha^2, \cdots, \alpha^{n-1}\}$は1次独立で，$\alpha^n$は$\{1, \alpha, \alpha^2, \cdots, \alpha^{n-1}\}$の線形結合として表される．したがって$\{1, \alpha, \alpha^2, \cdots, \alpha^{n-1}\}$は，$K[\alpha]$を$K$上の線形空間と見たときの基底となる．

（証明終り）

例 4.2.1　複素数体$\boldsymbol{C}$の元$\sqrt{-1}$，$\sqrt[3]{2}$，$\sqrt{2}+\sqrt{3}$は有理数体$\boldsymbol{Q}$上代数的で，以下が分かる．

(1)　$\mathrm{Irr}(\sqrt{-1}, \boldsymbol{Q})=x^2+1=(x+\sqrt{-1})(x-\sqrt{-1})$

$$[\boldsymbol{Q}(\sqrt{-1}):\boldsymbol{Q}]=2$$

(2)　$\mathrm{Irr}(\sqrt[3]{2}, \boldsymbol{Q})=x^3-2=(x-\sqrt[3]{2})(x-\sqrt[3]{2}\omega)(x-\sqrt[3]{2}\omega^2)$

$$[\boldsymbol{Q}(\sqrt[3]{2}):\boldsymbol{Q}]=3$$

ただし，

$$\omega=\frac{-1+\sqrt{-3}}{2},\quad \omega^2=\frac{-1-\sqrt{-3}}{2},\quad \omega^3=1$$

(3) $\mathrm{Irr}(\sqrt{2}+\sqrt{3},\mathrm{Q})=x^4-10x^2+1$

$$=(x-\sqrt{2}-\sqrt{3})(x-\sqrt{2}+\sqrt{3})(x+\sqrt{2}-\sqrt{3})(x+\sqrt{2}+\sqrt{3})$$

$$[\boldsymbol{Q}(\sqrt{2}+\sqrt{3}):\boldsymbol{Q}]=4$$

定理 4.2.4 体 L が体 M の代数拡大体で，体 M が体 K の代数拡大体ならば，体 L は体 K の代数拡大体である．

証明 L の任意の元 α に対し，

$$\mathrm{Irr}(\alpha, M)=x^n+\beta_1x^{n-1}+\cdots+\beta_{n-1}x+\beta_n \quad (\beta_1, \beta_2, \cdots, \beta_n\in M)$$
$$K=K_0,\quad K_i=K(\beta_1, \beta_2, \cdots, \beta_i)\quad (i=1, 2, \cdots, n)$$

とおく．このとき定理 4.2.3 より，

$$[K_{i+1}:K_i]=\deg \mathrm{Irr}(\beta_{i+1}, K_i)<\infty \quad (i=0, 1, \cdots, n-1)$$
$$[K_n(\alpha):K_n]=\deg \mathrm{Irr}(\alpha, K_n)<\infty$$

が成り立つ．そこで定理 4.2.2 より，

$$[K_n(\alpha):K]=[K_n(\alpha):K_0]<\infty$$

を得る．したがって定理 4.2.1 から，α は K 上代数的となる．

(証明終り)

一般に，体 K の代数拡大体が K 以外にないとき，K は代数的閉体であるという．

定理 4.2.5 次の (i)，(ii) は同値である．

(i) 体 K は代数的閉体．

(ii) $K[x]$ の 1 次以上の任意の元 $f(x)$ は $K[x]$ の 1 次式の積として表せる．

証明 (ii) ⇒ (i) について．α を体 K の代数拡大体の任意の元とし，$f(x)$

$=\mathrm{Irr}(\alpha, K)$ とすると，(ii) の仮定より

$$f(x)=x-a\ (a\in K),\quad f(\alpha)=\alpha-a=0$$

となる．よって，α は K の元である．

(i) ⇒ (ii) について．もし，K 上 n 次既約多項式 $f(x)$ があったとする ($n\geq 2$)．例 3.1.3 の (2)，定理 3.3.1，定理 3.3.2，定理 3.3.3 より，剰余環 $K[x]/K[x]f(x)$ は体である．とくに，この体は K を真に含み，$f(x)$ の 1 つの根 α を元としてもつと考えられる．

なぜならば，K の各元 k を $K[x]/K[x]f(x)$ の元 $k+K[x]f(x)$ に対応させる写像は，体 K から体 $K[x]/K[x]f(x)$ の中への同型写像になる．なお，$k_1\neq k_2\ (k_1, k_2\in K)$ ならば $k_1-k_2\notin K[x]f(x)$ であることに注意する．

そこで K は $K[x]/K[x]f(x)$ の部分体と考えられるが，$n\geq 2$ より

$$x\notin K[x]f(x),\quad f(x)\in K[x]f(x)$$

がいえる．それゆえ，$K[x]/K[x]f(x)$ の元 $x+K[x]f(x)$ は，K 上の多項式 $f(x)$ の根となるのである．実際，$f(x)=\sum_{i=0}^{n}a_ix^i$ のとき，

$$\sum_{i=0}^{n}(a_i+K[x]f(x))(x+K[x]f(x))^i$$
$$=f(x)+K[x]f(x)=0\quad (K[x]/K[x]f(x)\text{ の零元})$$

である．これは (i) の仮定に反して矛盾となる．

(証明終り)

例 4.2.2　定理 1.3.2 より，複素数体 C は代数的閉体である．

ところで，体 K の代数拡大体 L が代数的閉体であるとき，L は K の代数的閉包であるという．任意の体 K に対し代数的閉包は，(同型の意味において) 一意的に存在することが知られているが (シュタイニッツの定理)，本書ではこれを用いないで議論を積み重ねることにする．

4.3 分解体

最初に言葉の準備から始めよう．σを体Kから体K'への環準同型写像とすると，

$$\sigma(1_K)=1_{K'},\quad \mathrm{Ker}\,\sigma=\{a\in K\mid \sigma(a)=0_{K'}\}$$

なので，Kのイデアル$\mathrm{Ker}\,\sigma$は1_Kを含まない．したがって体の性質より$\mathrm{Ker}\,\sigma=\{0_K\}$が分かり，$K$は$K'$の部分体$\mathrm{Im}\,\sigma$と（体として）同型である．そこで，$\sigma$は体$K$から体$K'$の中への同型写像となるのである．

σを体Kから体K'の上への同型写像とするとき，σは多項式環$K[x]$から$K'[x]$の上への同型写像に，次のようにして拡張される．$K[x]$の任意の元$\displaystyle\sum_{i=0}^{n}a_ix^i$に対し，

$$\sigma\left(\sum_{i=0}^{n}a_ix^i\right)=\sum_{i=0}^{n}\sigma(a_i)x^i$$

$K[x]$と$K'[x]$は多項式環としての構造は同一なので，$f(x)$が$K[x]$の既約多項式ならば$\sigma(f(x))$は$K'[x]$の既約多項式である．

次に，体LとL'はともに体Kの拡大体で，LからL'の上への同型写像σがKの上では恒等写像になるとき，σをK–同型写像といい，LはL'とK–同型であるという．

これから本節として最も大切な言葉の定義をしよう．体K上の1変数多項式$f(x)$が，Kの拡大体L上において，

$$f(x)=a(x-\alpha_1)(x-\alpha_2)\cdots(x-\alpha_n)\quad(a,\alpha_i\in L)$$

と1次式の積に分解されるとき，Lは$f(x)$の分解体という．また（$f(x)$の分解体はいろいろ考えられるだろうが），Lの部分体で$f(x)$の分解体となるものは体$K(\alpha_1,\alpha_2,\cdots,\alpha_n)$を必ず含む（例3.4.1の(2)参照）．そこで，体$K(\alpha_1,\alpha_2,\cdots,\alpha_n)$を$L$における$f(x)$の最小分解体という．

定理 4.3.1　$f(x)$ を体 K 上の n 次多項式とするとき $(n\geq 1)$，$[L:K]\leq n!$ となる $f(x)$ の分解体 L が存在する．

証明　n についての数学的帰納法によって示す．$n=1$ のときは，K 自身が $f(x)$ の分解体であるので，$n\geq 2$ としてよい．また，$f(x)$ に 2 次以上の既約因子（既約元となる約元）がなければ，K 自身が $f(x)$ の分解体となる．そこで，$f(x)$ には 2 次以上の既約因子があるとしてよく，その 1 つを $g(x)\,(\in K[x])$ とする．このとき，剰余環 $M=K[x]/K[x]\,g(x)$ は K を真に含む体となり，$g(x)$ の 1 つの根 α（$K[x]/K[x]\,g(x)$ における x の剰余類）を元としてもつ（定理 4.2.5 の証明を参照）．いま $\deg g(x)=d\,(\geq 2)$ とすると，

$$M=K[\alpha]=K+K\alpha+K\alpha^2+\cdots+K\alpha^{d-1}$$

である．

そこで $[M:K]=d$ となり，$f(x)$ を M 上の多項式と見ると，$f(x)$ は $M[x]$ において約元 $x-\alpha$ をもつ．よって

$$f(x)=(x-\alpha)h(x)\quad (h(x)\in M[x])$$

とおくと，$\deg h(x)=n-1$ であるので，$h(x)$ に数学的帰納法の仮定を用いることができる．したがって，$[L:M]\leq (n-1)!$ となる $h(x)$ の分解体 L が存在する．ここで L は $f(x)$ の分解体となり，

$$d=\deg g(x)\leq \deg f(x)=n$$

であるので，

$$[L:K]=[L:M][M:K]\leq n!$$

も成り立つ．

（証明終り）

次の定理は，1 変数多項式の最小分解体の一意性を示すものである．この証明は，前定理の証明とよく似ていることに留意していただきたい．

定理 4.3.2 σ を体 K から体 K' の上への同型写像とし，$f(x)$ を K 上の多項式とする．いま，L と L' をそれぞれ（ある体における）$f(x)$ と $\sigma(f(x))$ の最小分解体とする．このとき，σ は L から L' の上への同型写像 φ に拡張できる．とくに，$f(x)$ の K 上の 2 つの最小分解体は互いに K–同型である．

証明 $f(x)$ の次数を n とし，n に関する数学的帰納法によって示す．$n=1$ のとき，$L=K$ と $L'=K'$ であるので，明らかに成り立つ．$n\geq 2$ として，$f(x)$ には 2 次以上の既約因子（既約元となる約元）$g(x)\,(\in K[x])$ があるとしてよい．そこで $K'[x]$ の元 $\sigma(g(x))$ は，$K'[x]$ の元 $\sigma(f(x))$ の既約因子となる．

いま，α を L における $g(x)$ の 1 つの根とし，α' を L' における $\sigma(g(x))$ の 1 つの根とすると，体の同型に関する以下の 3 つの式が成り立つ．

$$K(\alpha)=K[\alpha]\cong K[x]/K[x]g(x) \quad (\alpha\leftrightarrow x+K[x]g(x))$$
$$K'(\alpha')=K'[\alpha']\cong K'[x]/K'[x]\sigma(g(x)) \quad (\alpha'\leftrightarrow x+K'[x]\sigma(g(x)))$$
$$K[x]/K[x]g(x)\cong K'[x]/K'[x]\sigma(g(x))$$
$$(K\in a\leftrightarrow \sigma(a)\in K',\ x+K[x]g(x)\leftrightarrow x+K'[x]\sigma(g(x)))$$

以上から，$K(\alpha)$ から $K'(\alpha')$ の上への同型写像 τ があって，

$$K\text{の各元 } a \text{ に対し } \tau(a)=\sigma(a),\quad \tau(\alpha)=\alpha'$$

を満たす．さらに，

$$f(x)=(x-\alpha)h(x) \quad (h(x)\in K(\alpha)[x])$$

とおくと，$h(x)$ は $K(\alpha)[x]$ の元で，$\tau(h(x))$ は

$$\tau(f(x))=\tau(x-\alpha)\tau(h(x))=(x-\alpha')\tau(h(x))$$

を満たす $K'(\alpha')[x]$ の元となる．ここで，L と L' はそれぞれ $K(\alpha)$ と $K'(\alpha')$ 上の $h(x)$ と $\tau(h(x))$ の最小分解体である．そこで，数学的帰納法の仮定を $h(x)$ に用いることができて，τ は L から L' の上への同型写像 φ に拡張できる．なお K の各元 a に対し，

$$\varphi(a)=\tau(a)=\sigma(a)$$

である.

(証明終り)

例 4.3.1

(1) $\boldsymbol{C}$ の部分体 $\boldsymbol{Q}(\sqrt{3}+\sqrt{2})$ は, $\boldsymbol{Q}$ 上の多項式 x^4-10x^2+1 の最小分解体である. なぜならば,

$$x^4-10x^2+1=(x-\sqrt{2}-\sqrt{3})(x-\sqrt{2}+\sqrt{3})(x+\sqrt{2}-\sqrt{3})(x+\sqrt{2}+\sqrt{3})$$
$$(\sqrt{3}-\sqrt{2})=\frac{1}{\sqrt{3}+\sqrt{2}}\in\boldsymbol{Q}(\sqrt{3}+\sqrt{2})$$

が成り立つからである.

(2) $\boldsymbol{C}$ の部分体 $\boldsymbol{Q}(\sqrt[3]{2})(\subseteq\boldsymbol{R})$ は, $\boldsymbol{Q}$ 上の多項式 x^3-2 の最小分解体ではない. なぜならば,

$$x^3-2=(x-\sqrt[3]{2})(x-\sqrt[3]{2}\,\omega)(x-\sqrt[3]{2}\,\omega^2)$$
$$\sqrt[3]{2}\in\boldsymbol{Q}(\sqrt[3]{2}),\quad \omega\notin\boldsymbol{Q}(\sqrt[3]{2})$$

が成り立つからである. ただし,

$$\omega=\frac{-1+\sqrt{-3}}{2},\quad \omega^2=\frac{-1-\sqrt{-3}}{2},\quad \omega^3=1$$

一方, $\boldsymbol{Q}(\sqrt[3]{2},\omega)$ は $\boldsymbol{Q}$ 上の多項式 x^3-2 の最小分解体となる.

なお, $\mathrm{Irr}(\omega,\boldsymbol{Q}(\sqrt[3]{2}))=x^2+x+1$ なので,

$$[\boldsymbol{Q}(\sqrt[3]{2},\omega):\boldsymbol{Q}]=[\boldsymbol{Q}(\sqrt[3]{2},\omega):\boldsymbol{Q}(\sqrt[3]{2})][\boldsymbol{Q}(\sqrt[3]{2}):\boldsymbol{Q}]=2\cdot 3=6$$

を得る.

(3) $x^6-10x^4+31x^2-30=(x^2-2)(x^2-3)(x^2-5)$ であるので, $\boldsymbol{C}$ の部分体 $\boldsymbol{Q}(\sqrt{2},\sqrt{3},\sqrt{5})$ は, $\boldsymbol{Q}$ 上の多項式 $x^6-10x^4+31x^2-30$ の最小分解体である.

なお,

$$\sqrt{3}\notin\boldsymbol{Q}(\sqrt{2})=\boldsymbol{Q}[\sqrt{2}]=\boldsymbol{Q}+\boldsymbol{Q}\sqrt{2}$$

は易しくわかるので,

$$[\boldsymbol{Q}(\sqrt{2},\sqrt{3}):\boldsymbol{Q}(\sqrt{2})]=2,\quad [\boldsymbol{Q}(\sqrt{2},\sqrt{3}):\boldsymbol{Q}]=4$$

を得る．しかしながら,

$$\sqrt{5}\notin\boldsymbol{Q}(\sqrt{2},\sqrt{3})=\boldsymbol{Q}+\boldsymbol{Q}\sqrt{2}+\boldsymbol{Q}\sqrt{3}+\boldsymbol{Q}\sqrt{6}$$

は必ずしも明白ではない．一応，これを素朴に示そう．もし,

$$\sqrt{5}=a+b\sqrt{2}+c\sqrt{3}+d\sqrt{6}$$

となる有理数 a, b, c, d があるならば，両辺を2乗して,

$$\begin{aligned}5=a^2&+ab\sqrt{2}+ac\sqrt{3}+ad\sqrt{6}\\&+ab\sqrt{2}+2b^2+bc\sqrt{6}+2bd\sqrt{3}\\&+ac\sqrt{3}+bc\sqrt{6}+3c^2+3cd\sqrt{2}\\&+ad\sqrt{6}+2bd\sqrt{3}+3cd\sqrt{2}+6d^2\end{aligned}$$

となるので，次の4つの式が成り立つことになる.

$$a^2+2b^2+3c^2+6d^2=5 \quad \cdots\cdots①$$
$$ab+3cd=0 \quad \cdots\cdots②$$
$$ac+2bd=0 \quad \cdots\cdots③$$
$$ad+bc=0 \quad \cdots\cdots④$$

もし $2b^2-3c^2\neq 0$ ならば，②と③より $a=d=0$ となる．それゆえ，①,④からそれぞれ

$$2b^2+3c^2=5,\quad bc=0$$

を得るが，これは不可能である.

一方，$2b^2-3c^2=0$ のときは，$b=c=0$ でなければならない．それゆえ，①,④からそれぞれ

$$a^2+6d^2=5,\quad ad=0$$

を得るが，これも不可能である．

以上から$\sqrt{5}\notin \boldsymbol{Q}(\sqrt{2},\sqrt{3})$ が分かるので，

$$[\boldsymbol{Q}(\sqrt{2},\sqrt{3},\sqrt{5}):\boldsymbol{Q}]=[\boldsymbol{Q}(\sqrt{2},\sqrt{3},\sqrt{5}):\boldsymbol{Q}(\sqrt{2},\sqrt{3})][\boldsymbol{Q}(\sqrt{2},\sqrt{3}):\boldsymbol{Q}]=8$$

を得る．

（説明終り）

本節の最後に，定理 4.3.2 がもつ意義を述べよう．$M=K(a_1, a_2, \cdots, a_n)$ を体 K 上の有限次代数拡大体とすると，各 a_i を根とする K 上の多項式 $f_i(x)$ がある．そこで，M は K 上の多項式

$$f(x)=\prod_{i=1}^{n} f_i(x)$$

の最小分解体 L の部分体であると考えられる．本章 2 節の最後に触れた，代数的閉包が一意的に存在する定理（シュタイニッツ）に頼らないで議論を積み重ねることの本質は，いま述べたことである．

4.4 分離的拡大

体 K 上の 1 変数多項式 $f(x)$ の任意の分解体 L に対し，$L[x]$ において

$$f(x)=a(x-\alpha_1)^{e_1}(x-\alpha_2)^{e_2}\cdots(x-\alpha_m)^{e_m}$$

と分解できる（$a\in K, \alpha_i\in L, \alpha_i\neq\alpha_j(i\neq j), e_i\in \boldsymbol{N}$）．$L[x]$ は素元分解環であるから（例 3.4.1 の (2)），この分解は $L[x]$ においては一意的である．さらに，$f(x)$ の K 上の最小分解体は互いに K–同型であるから（定理 4.3.2），この分解はどのような分解体でも本質的には同じである．

それを踏まえて，各 α_i は $f(x)$ の e_i 重根であるといい，$e_i\geq 2$ のとき α_i は $f(x)$ の重根であるという．また，$e_1=e_2=\cdots=e_m=1$ のとき $f(x)$ は分離的であるといい，そうでないとき $f(x)$ は非分離的であるという．

L が体 K の代数拡大体であるとき，L の元 α の K 上の最小多項式

Irr(α, K) が分離的か非分離的であるかによって，α は K 上分離的，非分離的であるという．

とくに，体 K の代数拡大体 L のすべての元が K 上分離的であるとき，L は K 上分離的（拡大）であるという．さらに，体 K のすべての代数拡大体が K 上分離的であるとき，K は完全体であるという．

一般に，多項式が分離的であるか否かを調べるとき，多項式を（形式的に）微分した導関数が役に立つ．そこで，高校数学とは異なる形で多項式の導関数を導入して，議論を進めよう．

多項式 $f(x)=a_0x^n+a_1x^{n-1}+\cdots+a_{n-1}x+a_n$ に対し，

$$f(x)'=na_0x^{n-1}+(n-1)a_1x^{n-2}+\cdots+a_{n-1}$$

を $f(x)$ の導関数という．なお，$f(x)'$ を $\dfrac{d}{dx}f(x)$ でも表すことは普通の微積分の世界と同じである．

定理 4.4.1

（i）体 K 上の任意の多項式 $f(x)$, $g(x)$ について，

$$(f(x)+g(x))'=f(x)'+g(x)'$$
$$(f(x)g(x))'=f(x)'g(x)+f(x)g(x)'$$

が成り立つ．

（ii）体 K 上の n 次多項式 $f(x)$ について $(n\geq 1)$，$f(x)$ の重根は $f(x)$ と $f(x)'$ の共通根であり，また $f(x)$ と $f(x)'$ が共通根をもてば，それは $f(x)$ の重根である．

証明 （i）最初の等式は明らかであるが，2番目の等式は理由を述べておく．

$$f(x)=a_0x^m+a_1x^{m-1}+\cdots+a_{m-1}x+a_m$$
$$g(x)=b_0x^n+b_1x^{n-1}+\cdots+b_{n-1}x+b_n$$

とおくとき，

$$
\begin{aligned}
&(f(x)g(x))' \text{を整理したときの} x^i \text{の係数} \\
&=(i+1)\sum_{\substack{j\text{と}h\text{の組}\\(j+h=i+1)}} a_{m-j}b_{n-h} \\
&=\sum_{\substack{j\text{と}h\text{の組}\\(j+h=i+1)}} (j+h)a_{m-j}b_{n-h} \\
&=\sum_{\substack{j\text{と}h\text{の組}\\(j+h=i+1)}} \{(ja_{m-j})b_{n-h}+a_{m-j}(hb_{n-h})\} \\
&=\sum_{\substack{j\text{と}h\text{の組}\\(j+h=i+1)}} (ja_{m-j})b_{n-h}+\sum_{\substack{j\text{と}h\text{の組}\\(j+h=i+1)}} a_{m-j}(hb_{n-h}) \\
&=f(x)'g(x) \text{を整理したときの} x^i \text{の係数} \\
&\quad +f(x)g(x)' \text{を整理したときの} x^i \text{の係数}
\end{aligned}
$$

が成り立つからである．

(ii) $f(x)=a_0x^n+a_1x^{n-1}+\cdots+a_{n-1}x+a_n$ として $(a_i\in K)$，$f(x)$ の分解体 L において，

$$f(x)=a_0\prod_{i=1}^{n}(x-\alpha_i)$$

と分解されたとする．このとき (i) より，

$$f(x)'=a_0\sum_{i=1}^{n}(x-\alpha_1)\cdots(x-\alpha_{i-1})(x-\alpha_{i+1})\cdots(x-\alpha_n)$$

となる．そこで，もし $\alpha_1=\alpha_2$ (重根) であるならば，$\alpha_1=\alpha_2$ は $f(x)$ と $f(x)'$ の共通根になる (他の場合も同じ)．また，もし α_1 が $f(x)'$ の根でもあるならば，

$$a_0(\alpha_1-\alpha_2)(\alpha_1-\alpha_3)\cdots(\alpha_1-\alpha_n)=0$$

が成り立つので，ある $j\,(2\leq j\leq n)$ について $\alpha_1=\alpha_j$ となる．これは，$f(x)$ が重根をもつことになる (他の場合も同じ)．

(証明終り)

定理 4.4.2　標数0の体は完全体である．

証明　Kを標数0の体とする．最小多項式は既約多項式なので，K上の任意の既約多項式$f(x)$が重根をもたないことを示せばよい．もし$f(x)$が重根αをもてば，定理4.4.1の(ii)より，αは$f(x)'$の根でもある．それゆえ，$f(x)'$は$f(x)$の倍元となるので（定理4.2.2と定理4.2.3の間にある説明を参照），$f(x)'=0(K[x]$の零元）でなければならない．これは，標数0の体の世界では起こらないことであり（$f(x)$がn次式ならば，$f(x)'$の$n-1$次の項の係数に注目），矛盾を得る．

（証明終り）

4.5 有限体

有限体は有限群論や有限幾何学ばかりでなく，符号理論や暗号理論でも基礎事項となっている．そこで，本書の主目的とは若干距離を置くものであるが，4.1節の最後に述べたことの補足的事項を述べておこう．

最初は準備としての定理である．

定理 4.5.1　Kを標数p（素数）の体とする．このとき，Kが完全体であるためには，Kのすべての元aに対し$x^p=a$は根をKでもつことが必要十分な条件である．

証明　Kを完全体として，Kのある元aは，$x^p=a$は根をKでもたないとする．Kの代数拡大体におけるx^p-aの根をαとすると$(\alpha\notin K)$，定理4.1.3の証明と同じ考え方を用いて，

$$x^p-a=x^p-\alpha^p=(x-\alpha)^p$$

を得る．また，x^p-aはK上既約多項式となる．なぜならば，$\mathrm{Irr}(\alpha, K)$はx^p-aの約元となるので，

$$\mathrm{Irr}(\alpha, K)=(x-\alpha)^n \quad (1\leq n\leq p)$$

となる自然数 n がある.

$$(x-\alpha)^n = x^n - n\alpha x^{n-1} + \frac{n(n-1)}{2}\alpha^2 x^{n-2} + \cdots + (-\alpha)^n$$

であるから, $n\alpha \in K$ でなくてはならない. それゆえ, $n<p$ ならば $n \neq 0$ なので, $\alpha \in K$ となって矛盾. したがって $n=p$ であるが, これは α が K 上非分離的を意味して矛盾. 以上から, 定理の主張の必要性は示せたことになる.

次に, K のすべての元 a に対し $x^p=a$ は根を K でもつとする. そして, $K[x]$ のある既約元 $f(x)$ が重根 α をもつとして矛盾を導けばよい. このとき, 定理 4.4.1 の (ii) より α は $f(x)'$ の根でもある. それゆえ $f(x)'$ は $f(x)$ の倍元となるので,

$$f(x)' = 0 \quad (K[x] \text{ の零元})$$

でなければならない. よって,

$$f(x) = \sum_{i=0}^{n} a_i x^{ip} \quad (a_i \in K)$$

という形で表される. ここで仮定より, $a_i = \alpha_i^p$ となる $\alpha_i \in K$ がある ($i=0, 1, \cdots, n$). そこで定理 4.1.3 の証明と同じ考え方を用いて,

$$f(x) = \left(\sum_{i=0}^{n} \alpha_i x^i\right)^p$$

と表せる. これは, $f(x)$ が既約であることに反して矛盾.

(証明終り)

定理 4.5.2 任意の素数 p と自然数 n に対し, $|K| = p^n$ となる有限体 K が一意的に存在する. また, 乗法群 $K-\{0\}$ は巡回群である.

証明 後半は定理 4.1.4 で述べたことなので, 前半を示せばよい.

K を体 Z_p 上の多項式

$$f(x) = x^{p^n} - x$$

の最小分解体とする. また, K における $f(x)$ の根全体を M とする. M の

任意の元 a, b に対し，

$$a^{p^n}=a, \quad b^{p^n}=b$$

であるから，$(ab)^{p^n}=ab$ が成り立ち，さらに定理 4.1.3 より

$$(a+b)^{p^n}=a^{p^n}+b^{p^n}=a+b$$

も成り立つ．よって，M は和と積について演算が閉じている．さらに，$a^{p^n}=a$ ならば

$$(-a)^{p^n}=-a \quad と \quad (a^{-1})^{p^n}=a^{-1}$$

は成り立つので，M は K の部分体になる．よって最小分解体の定義より，$M=K$ でなくてはならない．そして，

$$f(x)'=-1$$

であるので，$f(x)'$ と $f(x)$ は共通根をもたない．それゆえ定理 4.4.1 の (ii) より，$f(x)=x^{p^n}-x$ は重根をもたない．したがって，$|K|=p^n$ となる．

一方，L を元の個数が p^n の任意の有限体とすると，定理 4.1.4 より $L-\{0\}$ は位数 p^n-1 の巡回群である．よって，$L-\{0\}$ の任意の元 c に対し $c^{p^n-1}=1$ となるので，

$$c^{p^n}=c$$

が成り立つ．もちろん，上式は $c=0$ のときも成り立つ．そこで，L も素体 $\boldsymbol{Z}_p$ 上の $x^{p^n}-x$ の最小分解体と見なせるので，定理 4.3.2 より K と L は体として同型になる．

（証明終り）

定理 4.5.3　有限体は完全体である．

証明　K を標数 p の有限体とすると，例 4.1.2 より，K の各元 a を a^p に対応させるフロベニウス写像は，K から K の中への同型写像になる．ここ

で$|K|<\infty$であるので，この写像はKからKの上への全単射となる．したがって定理4.5.1より，Kは完全体となる．

(証明終り)

最後に，元の個数がqの有限体を$GF(q)$とも書くが，$\boldsymbol{Z}_p$と異なる形の有限体として$GF(4)$と$GF(9)$を次の例で紹介しよう．前者は有限単純群のマシュー群M_{22}, M_{23}, M_{24}を構成するときに，後者は有限単純群のマシュー群M_{11}, M_{12}を構成するときに，それぞれ土台となるものである（[10]を参照）．

例 4.5.1

(1) 標数2の体$GF(4)$について．$GF(4)$の0以外の元で構成する巡回群の生成元をγとする．

$$GF(4)=\{0, 1, \gamma, \gamma^2\}, \quad \gamma^3=1, \quad \gamma^2+\gamma+1=0$$

であるから，

$$1+\gamma=\gamma^2, \quad 1+\gamma^2=\gamma, \quad \gamma+\gamma^2=1$$

も成り立つ．

(2) 標数3の体$GF(9)$について．$GF(9)$の0以外の元で構成する巡回群の生成元をγとする．

$$GF(9)=\{0, 1, \gamma, \gamma^2, \gamma^3, \gamma^4, \gamma^5, \gamma^6, \gamma^7\}$$
$$\gamma^8=1, \quad \gamma^4=-1\ (\gamma^4\neq 1), \quad \gamma^5=-\gamma, \quad \gamma^6=-\gamma^2, \quad \gamma^7=-\gamma^3$$
$$(\gamma^2+\gamma-1)(\gamma^2-\gamma-1)=(\gamma^2-1)^2-\gamma^2=\gamma^4-3\gamma^2+1=0$$

であるので，もし$\gamma^2-\gamma-1=0$のときはγの代わりに$-\gamma$をとることにすれば，

$$\gamma^2+\gamma-1=0$$

が成り立つことになる．したがって，以下が成り立つ．

$$1+1=-1=\gamma^4$$
$$1+\gamma=\gamma^2+2\gamma=\gamma(\gamma-1)=\gamma\left(-\gamma^2\right)=\gamma\cdot\gamma^6=\gamma^7$$
$$1+\gamma^2=\gamma^2+\gamma+\gamma^2=\gamma(1-\gamma)=\gamma\cdot\gamma^2=\gamma^3$$
$$1+\gamma^3=(1+\gamma)(1-\gamma+\gamma^2)=\gamma^7(-\gamma^2)=-\gamma=\gamma^5$$
$$1+\gamma^4=0$$
$$1+\gamma^5=1-\gamma=\gamma^2$$
$$1+\gamma^6=1-\gamma^2=\gamma$$
$$1+\gamma^7=1-\gamma^3=(1-\gamma)(1+\gamma+\gamma^2)=\gamma^2(-1)=\gamma^6$$

なお，$GF(9)$ における他の加法については上記の結果より直ちに分かる．

4.6 単純拡大と正規拡大

はじめに，

$$\sqrt{3}-\sqrt{2}=\frac{1}{\sqrt{3}+\sqrt{2}}$$
$$(\sqrt{3}+\sqrt{2})+(\sqrt{3}-\sqrt{2})=2\sqrt{3},\quad (\sqrt{3}+\sqrt{2})-(\sqrt{3}-\sqrt{2})=2\sqrt{2}$$

であるから，$\boldsymbol{C}$ の部分体 $\boldsymbol{Q}(\sqrt{3},\sqrt{2})$ と $\boldsymbol{Q}(\sqrt{3}+\sqrt{2})$ は同じである．

一般に，体 K の拡大体 L が L の1つの元 a によって $L=K(a)$ と表されるとき，L は K の単純拡大であるという．上の例は，$\boldsymbol{Q}(\sqrt{3},\sqrt{2})$ は $\boldsymbol{Q}$ の単純拡大であることを示している．

定理 4.6.1 体 K の有限次代数拡大体 L が $K(a_1, a_2, \cdots, a_s)$ $(a_i\in L)$ と表され，$a_1, a_2, \cdots, a_{s-1}$ が K 上分離的ならば，L は K の単純拡大である．

証明 s についての数学的帰納法で証明する．$s=1$ のときは明らかなので，$s\geq 2$ とする．数学的帰納法の仮定により，$K(a_2, a_3, \cdots, a_s)=K(b)$ となる $(b\in L)$ をとれば $L=K(a_1, b)$ となるので，次のことを示せばよい．

K の代数拡大体 $L=K(a, b)$ において，a が K 上分離的ならば，L は K 上単純拡大である．

まず，Kが有限体ならばLも有限体なので，定理4.5.2よりLはK上単純拡大である．よって，Kは無限体としてよい．

$$f(x) = \mathrm{Irr}(a, K), \quad g(x) = \mathrm{Irr}(b, K)$$

とおき，$f(x)g(x)$ の（Lを含む）K上の最小分解体Ωにおいて，

$$f(x) = \prod_{i=1}^{m}(x-\alpha_i), \quad g(x) = \prod_{j=1}^{n}(x-\beta_j)$$

と1次式の積に表されたとする．なお，$a=\alpha_1$, $b=\beta_1$ とする．

ここで，Kのある元cがあって，mn個の元

$$\gamma_{ij} = c\alpha_i + \beta_j \quad (1 \leq i \leq m, 1 \leq j \leq n)$$

がすべて互いに異なるようにできる．なぜならば，$(i, j) \neq (u, v)$ のとき，有限個のKの元xを除いて

$$x(\alpha_i - \alpha_u) \neq \beta_v - \beta_j$$

が成り立つので，Kが無限体であることを留意すれば分かる．

そのようなcに対し，

$$h(x) = g(\gamma_{11} - cx) \in K(\gamma_{11})[x]$$

とおくと，まず

$$h(\alpha_1) = g(c\alpha_1 + \beta_1 - c\alpha_1) = g(\beta_1) = 0$$

が成り立つ．さらに$i=2, 3, \cdots, m$ に対し，$c\alpha_1 + \beta_1 - c\alpha_i$ は $\{\beta_1, \beta_2, \cdots, \beta_n\}$ の元にならないので，

$$h(\alpha_i) = g(c\alpha_1 + \beta_1 - c\alpha_i) \neq 0$$

が成り立つ．したがって，$x - \alpha_1$ は$f(x)$ と$h(x)$ の $K(\gamma_{11})[x]$ における最大公約元となるので，$x - \alpha_1$ は $K(\gamma_{11})[x]$ の元となる（例3.4.2の(2)参照）．

以上から $a = \alpha_1 \in K(\gamma_{11})$ となって，

$$b=\beta_1=\gamma_{11}-c\alpha_1\in K(\gamma_{11})$$

も得る．よって，$L\subseteq K(\gamma_{11})$ となるが，$\gamma_{11}=ca+b$ なので，$K(\gamma_{11})\subseteq L$ もいえる．したがって，$L=K(\gamma_{11})$ となる．

(証明終り)

上の定理は，体の有限次分離代数拡大は単純拡大となることを意味している．以下，体の正規拡大の話に移ろう．

体 K の代数拡大体の元 α, β に対して，$\mathrm{Irr}(\alpha, K)=\mathrm{Irr}(\beta, K)$ が成り立つとき，α と β は K 上（互いに）共役であるという．

また，体 L が体 K の正規拡大であるとは，L は K の代数拡大で，L の任意の元 α に対し，L は $\mathrm{Irr}(\alpha, K)$ の分解体になっているときにいう．

したがって体 L が体 K の代数拡大であるとき，次が成り立つ．

L が K の正規拡大

$\Leftrightarrow$ L の任意の元 α に対し，α と K 上共役な（L の代数拡大体の）元はすべて L に属する

定理 4.6.2　体 K の代数拡大体 $L=K(\alpha_1, \alpha_2, \cdots, \alpha_m)$ において，各 α_i と K 上共役な元はすべて L に属するならば $(i=1, 2, \cdots, m)$，L は K の正規拡大である．

証明　$$f(x)=\prod_{i=1}^{m}\mathrm{Irr}(\alpha_i, K)$$

とおくと，L は $f(x)$ の K 上の最小分解体である．L の任意の元 β をとり，$\mathrm{Irr}(\beta, K)$ の L 上の最小分解体を Ω,

$$\mathrm{Irr}(\beta, K)=(x-\beta_1)(x-\beta_2)\cdots(x-\beta_s)$$

とする $(\beta=\beta_1, \beta_2, \cdots, \beta_s\in\Omega)$．ここで，$\Omega=L(\beta_1, \beta_2, \cdots, \beta_s)$ であり，Ω は $f(x)\mathrm{Irr}(\beta, K)$ の $K(\beta)$ 上の最小分解体である．さらに任意の $\beta_i\ (2\leq i\leq s)$ を β' とおくと，Ω は $f(x)\mathrm{Irr}(\beta', K)$ の $K(\beta')$ 上の最小分解体でもある．

いまσを，$\sigma(\beta)=\beta'$を満たす$K(\beta)$から$K(\beta')$の上へのK–同型写像とすると，定理 4.3.2 より，σは$f(x)\mathrm{Irr}(\beta, K)$の$K(\beta)$上の最小分解体$\Omega$から$f(x)\mathrm{Irr}(\beta', K)$の$K(\beta')$上の最小分解体$\Omega$の上への同型写像$\varphi$に拡張できる．ここで，

$$f(x)=\prod_{i=1}^{n}(x-\gamma_i)$$

とおくと（$\gamma_i\in L$），

$$\varphi(f(x))=f(x)\in\Omega[x],\quad \varphi(f(x))=\prod_{i=1}^{n}(x-\varphi(\gamma_i))\in\Omega[x]$$

であるから，$\varphi(\gamma_1), \varphi(\gamma_2), \cdots, \varphi(\gamma_n)$の全体と$\gamma_1, \gamma_2, \cdots, \gamma_n$の全体は一致することになる．よって，$L=K(\gamma_1, \gamma_2, \cdots, \gamma_n)$でもあるので$\varphi(L)=L$を得る．したがって，

$$\beta'=\sigma(\beta)\in\sigma(K(\beta))\subseteq\varphi(L)=L$$

となるので，$\mathrm{Irr}(\beta, K)$のすべての根はLの元である．

（証明終り）

定理 4.6.2 より次の定理 4.6.3 は直ちに得られる．

定理 4.6.3 $f(x)$を体K上の多項式とし，Lを$f(x)$のK上の最小分解体とすると，LはK上正規拡大である．

本節の最後に，5 章 1 節で用いる 2 つの定理を紹介する．

定理 4.6.4 Lは体Kの有限次分離代数拡大体であるとき，Lのある代数拡大体Ωにおいては，LからΩの中へのK–同型写像が$[L:K]$個ある．また，それより多くのK–同型写像をもつLの代数拡大体Γは存在しない．

証明 定理 4.6.1 より，$L=K(\alpha)$となるLの元αがある．いま，

$$\begin{aligned}f(x)&=\mathrm{Irr}(\alpha, K)=x^n+a_1x^{n-1}+\cdots+a_{n-1}x+a_n\\&=(x-\alpha_1)(x-\alpha_2)\cdots(x-\alpha_n),\quad \alpha_1=\alpha\end{aligned}$$

とおくと，

$$n = \deg \mathrm{Irr}(\alpha, K) = [L : K]$$

であることに留意して，$K(\alpha)=K[\alpha]$ から $K(\alpha_i)=K[\alpha_i]$ の上への K–同型写像 σ_i で，

$$\sigma_i(\alpha) = \alpha_i \quad (i = 1, 2, \cdots, n)$$

となるものが存在する．実際，$K[\alpha]$ の任意の元 $\sum_{j=0}^{n-1} c_j \alpha^j$ に対し $(c_j \in K)$，

$$\sigma_i\left(\sum_{j=0}^{n-1} c_j \alpha^j\right) = \sum_{j=0}^{n-1} c_j (\alpha_i)^j$$

となる $\sigma_i\ (i=1, 2, \cdots, n)$ を考えればよい．

いま $L=K(\alpha)$ の代数拡大体 Γ があって，相異なる m 個の L から Γ の中への K–同型写像 $\tau_1, \tau_2, \cdots, \tau_m$ をもつとしよう．それらの任意の一つを τ とすると，

$$\tau(\alpha^n + a_1\alpha^{n-1} + \cdots + a_{n-1}\alpha + a_n) = \tau(\alpha)^n + a_1(\tau(\alpha))^{n-1} + \cdots + a_{n-1}\tau(\alpha) + a_n$$

である．よって，$\tau_1(\alpha), \tau_2(\alpha), \cdots, \tau_m(\alpha)$ は1つの体 Γ における $f(x)$ の相異なる根となる．したがって，$m \leq n$ でなければならない．

(証明終り)

次の定理を紹介する前に，体の自己同型群に関する定義を述べよう．

K が体のとき，K から K の上への体として同型写像を K の自己同型写像といい，それら全体からなる集合を $\mathrm{Aut}(K)$ で表し，これを K の自己同型群という．実際，写像の合成に関して $\mathrm{Aut}(K)$ が群であることは明らかである．また，L が体 K の拡大体であるとき，

$$\mathrm{Aut}_K(L) = \{\sigma \in \mathrm{Aut}(L) \mid \sigma \text{ は } K \text{ 上では恒等写像}\}$$

も写像の合成に関して群になる．ただ本書では，L が K の正規拡大という条件を付けて $\mathrm{Aut}_K(L)$ を用いることにして，これを L の K 上のガロア群という．

定理 4.6.5　L を体 K の有限次正規拡大体とするとき，以下が成り立つ．

（i）L の任意の元 α に対し，

$$\alpha \text{ と } K \text{ 上共役な元全体} = \{\sigma(\alpha) \mid \sigma \in \mathrm{Aut}_K(L)\}$$

（ii）M が K と L の中間体のとき，

$$M \text{ は } K \text{ 上正規拡大}$$

$$\Leftrightarrow \text{すべての } \sigma \in \mathrm{Aut}_K(L) \text{ について } \sigma(M) = M$$

証明　(i) の成立は，定理 4.6.2 の証明より分かる（ここでの α は定理 4.6.2 の証明での β に対応）．

(ii) について．M は K 上正規拡大とする．$\mathrm{Aut}_K(L)$ の任意の元 σ に対し，その定義域を M に制限した写像 $\sigma|_M$ は，M から $\sigma(M)$ の上への K-同型写像となる．そして，M のすべての元 β について，

$$\mathrm{Irr}(\beta, K) = \mathrm{Irr}(\sigma(\beta), K)$$

となるから，β と $\sigma(\beta)$ は K 上共役である．よって $\sigma(M) \subseteq M$ となるが，$\sigma^{-1}(M) \subseteq M$ すなわち $M \subseteq \sigma(M)$ も成り立つので，$\sigma(M) = M$ を得る．

反対に，すべての $\sigma \in \mathrm{Aut}_K(L)$ について $\sigma(M) = M$ とする．このとき M の任意の元 β に対し，(i) より

$$\beta \text{ と } K \text{ 上共役な元全体} = \{\sigma(\beta) \mid \sigma \in \mathrm{Aut}_K(L)\}$$

となる．ここで $\sigma(M) = M$ を用いることにより，β と K 上共役な元全体は M に含まれるので，M は K 上の正規拡大体となる．

(証明終り)

第5章

ガロア群と方程式

CHAPTER 05

5.1 ガロアの基本定理

前章までは，いろいろな体の拡大について学んできた．本節では，いよいよガロア拡大を扱うことになる．体 L が体 K の分離的正規拡大であるとき，L は K のガロア拡大という．さらに，$\mathrm{Aut}_K(L)$ が可換群，巡回群となるとき，それぞれ L は K のアーベル拡大，巡回拡大という．

初めに，定理 4.6.4 と定理 4.6.5 より次の定理を得る．

定理 5.1.1　L が体 K の有限次ガロア拡大体であるとき，次式が成り立つ．

$$|\mathrm{Aut}_K(L)|=[L:K]$$

ここで，2 つの定義を述べよう．K が体，G が K の自己同型群 $\mathrm{Aut}(K)$ の部分群であるとき，

$$\{a\in K \mid \text{すべての}\ \sigma\in G\ \text{に対し}\ \sigma(a)=a\}$$

を（K における）G の不変体と呼んで，K^G で表す．

実際，K^G は K の部分体である．なぜならば $0,1\in K^G$ は明らかで，K^G の任意の 2 つの元 a, b について（a, b は固定），すべての $\sigma\in G$ に対し以下が成り立つ．

$$\sigma(a+b)=\sigma(a)+\sigma(b)=a+b$$
$$\sigma(a\cdot b)=\sigma(a)\cdot\sigma(b)=a\cdot b$$

であるから，演算＋と・は閉じている．また，

$$a+\sigma(-a)=\sigma(a)+\sigma(-a)=\sigma(a+(-a))=\sigma(0)=0$$
$$a\cdot\sigma(a^{-1})=\sigma(a)\cdot\sigma(a^{-1})=\sigma(a\cdot a^{-1})=\sigma(1)=1 \quad (a\neq 0)$$

であるから，

$$\sigma(-a)=-a,\quad \sigma(a^{-1})=a^{-1}$$

が成り立つ．＋と・に関する逆元も存在し，K^G は K の部分体となる．

逆に L が体 K の拡大体であるとき，

$$\{\sigma\in \mathrm{Aut}(L)\mid すべての\, a\in K\, に対し\, \sigma(a)=a\}$$

を（$\mathrm{Aut}(L)$ における）K の不変群と呼んで，$\mathrm{Aut}(L)^K$ で表す．実際，$\mathrm{Aut}(L)^K$ が $\mathrm{Aut}(L)$ の部分群であることは明らかであろう．

定理 5.1.2（アルティン）　L を体，G を $\mathrm{Aut}(L)$ の有限部分群，$K=L^G$ とすると，L は体 K の有限次ガロア拡大となり，

$$\mathrm{Aut}_K(L)=G,\quad [L:K]=|G|$$

が成り立つ．

証明　L の任意の元 α を1つとって，

$$G(\alpha)=\{g(\alpha)\mid g\in G\}=\{\alpha=\alpha_1,\alpha_2,\cdots,\alpha_r\}\quad (i\neq j\Rightarrow \alpha_i\neq\alpha_j)$$

$$G_\alpha=\{g\in G\mid g(\alpha)=\alpha\}$$

$$f(x)=\prod_{i=1}^{r}(x-\alpha_i)=x^r+a_1x^{r-1}+\cdots+a_{r-1}x+a_r$$

とおく．このとき G_α は G の部分群で，G の元 $g_1,g_2,\cdots,g_r$ があって，

$$g_i(\alpha)=\alpha_i\quad (i=1,2,\cdots,r)$$

G における G_α の右剰余類全体からなる集合

$$=\{g_1G_\alpha,g_2G_\alpha,\cdots,g_rG_\alpha\}$$

と表すことができる（定理 2.2.2 の証明を参照）．ここで，G の任意の元 σ に対し，

$$\{\sigma g_1G_\alpha,\sigma g_2G_\alpha,\cdots,\sigma g_rG_\alpha\}=\{g_1G_\alpha,g_2G_\alpha,\cdots,g_rG_\alpha\}$$

であるから，σ は集合として $\Omega=\{\alpha_1,\alpha_2,\cdots,\alpha_r\}$ を固定するのである．すなわち，

$$\{\sigma(\alpha_1), \sigma(\alpha_2), \cdots, \sigma(\alpha_r)\} = \{\alpha_1, \alpha_2, \cdots, \alpha_r\}$$

となって，σ は Ω 上の置換となる．それゆえ，

$$\sigma(\alpha_1 + \alpha_2 + \cdots + \alpha_r) = \alpha_1 + \alpha_2 + \cdots + \alpha_r$$

$$\sigma\left(\sum_{i<j} \alpha_i \alpha_j\right) = \sum_{i<j} \alpha_i \alpha_j$$

$$\sigma\left(\sum_{i<j<h} \alpha_i \alpha_j \alpha_h\right) = \sum_{i<j<h} \alpha_i \alpha_j \alpha_h$$

$$\vdots$$

$$\sigma(\alpha_1 \alpha_2 \cdots \alpha_r) = \alpha_1 \alpha_2 \cdots \alpha_r$$

となるので，

$$\sigma(a_1) = a_1, \sigma(a_2) = a_2, \sigma(a_3) = a_3, \cdots, \sigma(a_r) = a_r$$

を得る．これは G のすべての元 σ についていえるので，

$$a_i \in K(i=1, 2, \cdots, r), \quad f(x) \in K[x]$$

が分かる．そして $f(\alpha)=0$ であるから，$\mathrm{Irr}(\alpha, K)$ は分離（的）多項式 $f(x)$ の約元となる．したがって，α は L の任意の元であることに留意すると，L は K 上分離拡大となる．さらに $\alpha_i \in L\ (i=1, 2, \cdots, r)$ であるから，L は K 上正規拡大にもなって，L は K 上ガロア拡大となる．

いま $|G|=n$ とおけば，L の任意の元 α に対し，

$$[K(\alpha):K] = \deg \mathrm{Irr}(\alpha, K) \leq n$$

の成立が上で述べたことから分かる．そこで，$[K(\alpha):K]$ が最大となる $\alpha \in L$ を改めて α とする．もし $L \neq K(\alpha)$ ならば，$L-K(\alpha)$ の元 β をとると定理 4.6.1 より，

$$K(\alpha, \beta) = K(\gamma) \supsetneq K(\alpha)$$

となる $\gamma \in L$ がある．ところが，

$$\deg \mathrm{Irr}(\gamma, K)=[K(\alpha,\beta):K]>[K(\alpha):K]=\deg \mathrm{Irr}(\alpha, K)$$

であるから，α の取り方に反して矛盾．よって，

$$L=K(\alpha),\quad [L:K]\leq n=|G| \qquad \cdots\cdots①$$

が成り立つ．

一方，$G\subseteq \mathrm{Aut}_K(L)$ であるから，定理 5.1.1 より

$$|G|\leq |\mathrm{Aut}_K(L)|=[L:K] \qquad \cdots\cdots②$$

が成り立つ．そして，①と②より結論を得る．

（証明終り）

定理 5.1.3 L を体 K の有限次ガロア拡大体とする．このとき $G=\mathrm{Aut}_K(L)$ とおくと，

$$|G|=[L:K],\quad L^G=K$$

が成り立つ．

証明 定理 4.6.1 および正規拡大の定義より，L は $\mathrm{Irr}(\alpha, K)$ の最小分解体となる $\alpha\in L$ がある．ここで定理 4.6.4 と定理 4.6.5 より，

$$|L:K|=\deg \mathrm{Irr}(\alpha, K)=|G| \qquad \cdots\cdots①$$

を得る．また

$$M=L^G$$

とおくと，M に K と L の中間体で，定理 5.1.2 より

$$|L:M|=|G| \qquad \cdots\cdots②$$

も得る．よって，①と②より結論の成立が分かる．

（証明終り）

次は本節の目標とする定理である．

定理 5.1.4（ガロアの基本定理） L は体 K の有限次ガロア拡大体とする．M を K と L の中間体とすると L は M の有限次ガロア拡大体となり，K と L の中間体 M 全体と $G=\mathrm{Aut}_K(L)$ の部分群 H 全体との間に，

（ア）$M=L^H \Leftrightarrow H=G^M=\mathrm{Aut}_M(L)$

となる1対1対応がある．さらに（ア）の対応のもとで，

（イ）M が K のガロア拡大 $\Leftrightarrow$ G^M は G の正規部分群

が成り立ち，このとき群としての同型

$$\mathrm{Aut}_K(M)\cong G/G^M$$

が成り立つ．

証明 M が K と L の中間体のとき，L は M のガロア拡大体となることは明らか．

G の各部分群 H に L^H を対応させる写像を φ とする．まず定理5.1.2より，L は L^H のガロア拡大で，

$$\mathrm{Aut}_{L^H}(L)=H,\quad [L:L^H]=|H|$$

となる．先に φ の単射性を示して，次に φ の全射性を示そう．

G の相異なる部分群 H, T に対し，$L^H=L^T$ であるとしよう．このとき，

$$H=\mathrm{Aut}_{L^H}(L)=\mathrm{Aut}_{L^T}(L)=T$$

となるので，φ は単射である．

次に，K と L の任意の中間体 M に対し，定理5.1.3より

$$|\mathrm{Aut}_M(L)|=[L:M],\quad L^{\mathrm{Aut}_M(L)}=M$$

であるので，φ は全射である．したがって，（ア）の対応が示されたことになる．

次に（ア）の対応のもとで，定理 4.6.5 および易しく分かる次式（考え方は定理 2.3.2 と本質的に同じ）を用いると，その下にある同値性が分かる．

$$\sigma(\mathrm{Aut}_M(L))\sigma^{-1}=\mathrm{Aut}_{\sigma(M)}(L)\quad(\sigma\in G)$$

M が K のガロア拡大
　$\Leftrightarrow$ すべての $\sigma\in G$ について $\sigma(M)=M$
　$\Leftrightarrow$ すべての $\sigma\in G$ について $\mathrm{Aut}_{\sigma(M)}(L)=\mathrm{Aut}_M(L)$
　$\Leftrightarrow$ すべての $\sigma\in G$ について $\sigma(\mathrm{Aut}_M(L))\sigma^{-1}=\mathrm{Aut}_M(L)$
　$\Leftrightarrow$ すべての $\sigma\in G$ について $\sigma H\sigma^{-1}=H$
　$\Leftrightarrow$ H は G の正規部分群

したがって，（イ）の同値性が示されたことになる．そして，このとき $G=\mathrm{Aut}_K(L)$ から $\mathrm{Aut}_K(M)$ への写像 ψ を次のように定める．G の任意の元 σ に対し，

$$\psi(\sigma)=\sigma|_M\quad(\sigma \text{ の } M \text{ への制限})$$

明らかに ψ は，$G=\mathrm{Aut}_K(L)$ から $\mathrm{Aut}_K(M)$ への（群としての）準同型写像である．そして，

$$\mathrm{Ker}\,\psi=G^M$$

が成り立つ．ここで，群として $\psi(G)$ と同型な

$$G/\mathrm{Ker}\,\psi$$

を考えてみると，G の元 σ,τ について，

$$\sigma(\mathrm{Ker}\,\psi)=\tau(\mathrm{Ker}\,\psi)\Leftrightarrow\sigma|_M=\tau|_M$$

が成り立つ．したがって，

$$G/\mathrm{Ker}\,\psi\cong\psi(G)\subseteq\mathrm{Aut}_K(M)$$

と見ることができる．ところが，

$$|G/\mathrm{Ker}\,\psi| = \frac{|G|}{|\mathrm{Ker}\,\psi|} = \frac{[L:K]}{[L:M]} = [M:K] = |\mathrm{Aut}_K(M)|$$

となるので，$\psi(G) = \mathrm{Aut}_K(M)$ となって，

$$\mathrm{Aut}_K(M) \cong G/G^M$$

を得る．

（証明終り）

さてガロア（1811–1832）の「ガロア理論」について，一部では「5次方程式が一般には解けないことの理論」と勘違いしているようである．そもそも5次方程式が一般に解けないことは，アーベル（1802–1829）が示した．ガロア理論という言葉の柱になる定理は，上で証明した「ガロアの基本定理」，およびそれに続く次節「方程式の可解性」での主目標の定理であろう．なお，その辺りの歴史的な解説書として，[1] と [4] を挙げておく．

本節で述べた「ガロアの基本定理」に関しては，参考文献に挙げた本格的な代数学のテキスト [5], [6] などと同じものであり，とくに条件を付加して証明したものではない．しかし「方程式の可解性」については，本格的な代数学のテキストでも，方程式の係数が属する体には標数0，あるいは有理数体 $\boldsymbol{Q}$ を含む条件を付けて論じている．そこで本書でも，これ以降は似たような条件を付けて述べていくことにする．

K を標数0の体とし，$f(x)$ を K 上の重根をもたない多項式とする．このとき L を $f(x)$ の K 上の最小分解体とすると，L は K 上のガロア拡大となる．このとき L の K 上のガロア群 $\mathrm{Aut}_K(L)$ を $f(x)$ の K 上のガロア群といい，本書ではとくに $\mathrm{Gal}_K(f)$ で表すことにする．$f(x)=0$ の根全体の集合を

$$\Omega = \{\alpha_1, \alpha_2, \cdots, \alpha_n\}$$

とすると，次の定理より $\mathrm{Gal}_K(f)$ は Ω 上の置換群と見なせる．

なお一般に，Ω 上の置換群 G が Ω 上可移であるとは，Ω の任意の元 α,

β に対し，$g(\alpha)=\beta$ となる G の元 g が存在することである．

定理 5.1.5 上で述べた仮定のもとで，$\mathrm{Gal}_K(f)$ の各元 σ を Ω 上の置換

$$\begin{pmatrix} \alpha_1 & \alpha_2 & \cdots & \alpha_n \\ \sigma(\alpha_1) & \sigma(\alpha_2) & \cdots & \sigma(\alpha_n) \end{pmatrix}$$

に対応させる写像 φ は，$\mathrm{Gal}_K(f)$ から Ω 上の対称群 S^{Ω} の中への同型写像となる．とくに，$f(x)\in K[x]$ が既約ならば，$\varphi(\mathrm{Gal}_K(f))$ は Ω 上の可移置換群となる．

証明 φ が $\mathrm{Gal}_K(f)$ から S^{Ω} への準同型写像となることは明らか．また，$\mathrm{Gal}_K(f)$ の元 σ が

$$\sigma(\alpha_1)=\alpha_1,\quad \sigma(\alpha_2)=\alpha_2,\quad \cdots,\quad \sigma(\alpha_n)=\alpha_n$$

を満たすと，$L=K(\alpha_1, \alpha_2, \cdots, \alpha_n)$ より，σ は L 上の恒等写像となる．

さらに $f(x)$ が既約ならば，

$$\sigma_i(\alpha_1)=\alpha_i$$

となる $\sigma_i\in\mathrm{Gal}_K(f)$ が存在する $(i=1, 2, \cdots, n)$．したがって，$\varphi(\mathrm{Gal}_K(f))$ は Ω 上可移である．

(証明終り)

例 5.1.1 有理数体 $\boldsymbol{Q}$ 上の各多項式 $f(x)$ について，$f(x)=0$ の根全体の集合 Ω 上の置換群 $G=\mathrm{Gal}_Q(f)$ を求めよう．また同時に，定理 5.1.4 におけるガロア群と拡大体の関係も合わせて図示しよう．

(1) $f(x)=x^2-2=(x+\sqrt{2})(x-\sqrt{2})$

$\Omega=\{\sqrt{2}, -\sqrt{2}\}$
$G=\{e(\text{恒等置換}), \sigma\}$
$\sigma=(\sqrt{2}, -\sqrt{2})$ （互換）

$f(x)$の最小分解体$=\boldsymbol{Q}(\sqrt{2})$

$$\begin{array}{ccc} \{e\} & & \boldsymbol{Q}(\sqrt{2}) \\ | & & | \\ G=\{e,\sigma\} & & \boldsymbol{Q} \end{array}$$

(2)　$f(x)=x^4-5x^2+6$

$$f(x)=(x^2-2)(x^2-3)=(x-\sqrt{2})(x+\sqrt{2})(x-\sqrt{3})(x+\sqrt{3})$$

$\Omega=\{\sqrt{2},-\sqrt{2},\sqrt{3},-\sqrt{3}\}$

$f(x)$の最小分解体$=\boldsymbol{Q}(\sqrt{2},\sqrt{3})$

$G=\{e,\sigma,\tau,\sigma\tau\},\quad \sigma\tau=\tau\sigma$

$\sigma=(\sqrt{2},-\sqrt{2}),\quad \tau=(\sqrt{3},-\sqrt{3}),\quad \sigma\tau=(\sqrt{2},-\sqrt{2})(\sqrt{3},-\sqrt{3})$

$\sigma\tau(\sqrt{6})=\sigma\tau(\sqrt{2})\cdot\sigma\tau(\sqrt{2})=(-\sqrt{2})(-\sqrt{3})=\sqrt{6}$

$\boldsymbol{Q}$と$\boldsymbol{Q}(\sqrt{2},\sqrt{3})$の真の中間体：$\boldsymbol{Q}(\sqrt{2})$，　$\boldsymbol{Q}(\sqrt{3})$，　$\boldsymbol{Q}(\sqrt{6})$

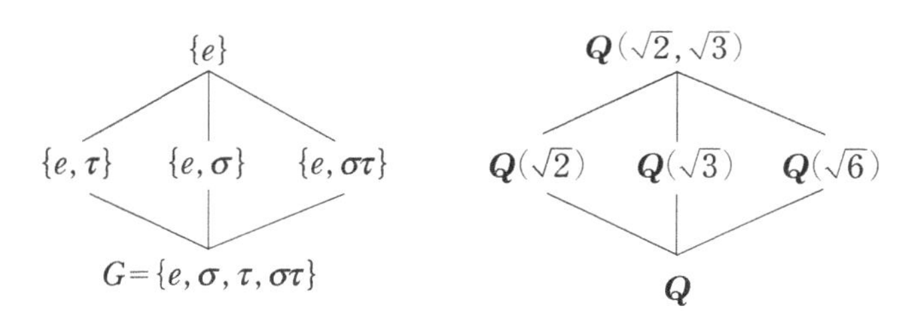

(3)　$f(x)=x^3-2$

$$=(x-\sqrt[3]{2})(x-\sqrt[3]{2}\,\omega)(x-\sqrt[3]{2}\,\omega^2)\quad \omega=\frac{-1+\sqrt{-3}}{2}$$

$\Omega=(\sqrt[3]{2},\sqrt[3]{2}\,\omega,\sqrt[3]{2}\,\omega^2)$

$f(x)$の最小分解体$=\boldsymbol{Q}(\sqrt{-3},\sqrt[3]{2})$

$\mathrm{Irr}(\sqrt[3]{2},\boldsymbol{Q})=f(x)$

であるから，$\boldsymbol{Q}(\sqrt[3]{2})$ は$\boldsymbol{Q}$上3次拡大であり，明らかに虚数$\sqrt{-3}$は$\boldsymbol{Q}(\sqrt[3]{2})$ の元ではない．そして，

$$\mathrm{Irr}(\sqrt{-3},\boldsymbol{Q})=\mathrm{Irr}(\sqrt{-3},\boldsymbol{Q}(\sqrt[3]{2}))=x^2+3=(x+\sqrt{-3})(x-\sqrt{-3})$$

なので，

$$[\boldsymbol{Q}(\sqrt[3]{2},\sqrt{-3}):\boldsymbol{Q}]=[\boldsymbol{Q}(\sqrt[3]{2},\sqrt{-3}):\boldsymbol{Q}(\sqrt[3]{2})]\cdot[\boldsymbol{Q}(\sqrt[3]{2}):\boldsymbol{Q}]=2\cdot 3=6$$

となる．ここで，3文字上の置換全体は6個であるから，上式より G は Ω 上の3次対称群となる．

いま，G の任意の元 g に対し，

$$g(\sqrt[3]{2})=\sqrt[3]{2},\ \sqrt[3]{2}\omega \text{ または } \sqrt[3]{2}\omega^2$$
$$g(\sqrt{-3})=\sqrt{-3} \text{ または } -\sqrt{-3}$$

であることに留意しよう．上2式で g として可能なものは $6(=3\times 2)$ 通りあって，$|G|=6$ であるので，次の σ と τ によって G は生成されるとしてよい．

$$\sigma(\sqrt[3]{2})=\sqrt[3]{2}\omega,\quad \sigma(\sqrt{-3})=\sqrt{-3}\quad (|\sigma|=3)$$
$$\tau(\sqrt[3]{2})=\sqrt[3]{2},\quad \tau(\sqrt{-3})=-\sqrt{-3}\quad (\tau(\omega)=\omega^2,|\tau|=2)$$

ちなみに，

$$\sigma^2(\sqrt[3]{2})=\sqrt[3]{2}\omega^2,\quad \sigma^2(\sqrt{-3})=\sqrt{-3}$$
$$\sigma\tau(\sqrt[3]{2})=\sqrt[3]{2}\omega,\quad \sigma\tau(\sqrt{-3})=-\sqrt{-3}$$
$$\sigma^2\tau(\sqrt[3]{2})=\sqrt[3]{2}\omega^2,\quad \sigma^2\tau(\sqrt{-3})=-\sqrt{-3}$$

であるので，

$$\tau\sigma=\sigma^2\tau$$
$$G=\{e,\sigma,\sigma^2,\tau,\sigma\tau,\sigma^2\tau\}$$

となって，G の真部分群は次の N（正規部分群），H_1, H_2, H_3 の4個である．そして，G の部分群と $Q(\sqrt[3]{2},\sqrt{-3})$ の部分体の対応は以下の図になる．

$$N=\{e,\sigma,\sigma^2\}$$
$$H_1=\{e,\tau\},\quad H_2=\{e,\sigma\tau\},\quad H_3=\{e,\sigma^2\tau\}$$

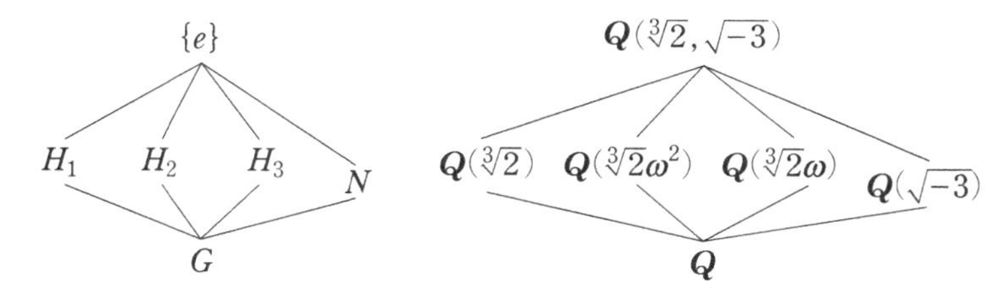

(4)　$f(x)=x^4-2$
$$=(x-\sqrt[4]{2})(x-\sqrt[4]{2}i)(x+\sqrt[4]{2})(x+\sqrt[4]{2}i)\quad (i=\sqrt{-1})$$

$\Omega=\{\sqrt[4]{2},\sqrt[4]{2}i,-\sqrt[4]{2},-\sqrt[4]{2}i\}$
$f(x)$の最小分解体$=\boldsymbol{Q}(\sqrt[4]{2},i)$
$\mathrm{Irr}(\sqrt[4]{2},\boldsymbol{Q})=f(x)$

であるから，$\boldsymbol{Q}(\sqrt[4]{2})$ は $\boldsymbol{Q}$ 上4次拡大であり，明らかに虚数 $i=\sqrt{-1}$ は $\boldsymbol{Q}(\sqrt[4]{2})$ の元ではない．そして，

$$\mathrm{Irr}(i,\boldsymbol{Q})=\mathrm{Irr}(i,\boldsymbol{Q}(\sqrt[4]{2}))=x^2+1=(x+i)(x-i)$$

なので，

$$[\boldsymbol{Q}(\sqrt[4]{2},i):\boldsymbol{Q}]=[\boldsymbol{Q}(\sqrt[4]{2},i):\boldsymbol{Q}(\sqrt[4]{2})]\cdot[\boldsymbol{Q}(\sqrt[4]{2}):\boldsymbol{Q}]=8$$

となる．いま，G の任意の元 g に対し，

$g(\sqrt[4]{2})=\sqrt[4]{2}$ か $\sqrt[4]{2}i$ か $-\sqrt[4]{2}$ か $-\sqrt[4]{2}i$
$g(i)=i$ か $-i$

であることに留意しよう．上2式で g として可能なものは $8\,(=4\times 2)$ 通りあって，$|G|=8$ であるので，次の σ と τ によって G は生成されるとしてよい．（G は位数8の二面体群と呼ばれる群で，4次対称群 S_4 のシロ－2部分群と置換群として同型である．）

$$\sigma(\sqrt[4]{2})=\sqrt[4]{2}i,\quad \sigma(i)=i\quad (|\sigma|=4)$$
$$\tau(\sqrt[4]{2})=\sqrt[4]{2},\quad \tau(i)=-i\quad (|\tau|=2)$$

ちなみに,

$$\sigma^2(\sqrt[4]{2})=-\sqrt[4]{2},\quad \sigma^2(i)=i$$
$$\sigma^3(\sqrt[4]{2})=-\sqrt[4]{2}i,\quad \sigma^3(i)=i$$
$$\sigma\tau(\sqrt[4]{2})=\sqrt[4]{2}i,\quad \sigma\tau(i)=-i$$
$$\sigma^2\tau(\sqrt[4]{2})=-\sqrt[4]{2},\quad \sigma^2\tau(i)=-i$$
$$\sigma^3\tau(\sqrt[4]{2})=-\sqrt[4]{2}i,\quad \sigma^3\tau(i)=-i$$

であるので,

$$\sigma\tau=\tau\sigma^3,\quad \sigma^2\tau=\tau\sigma^2,\quad \sigma^3\tau=\tau\sigma$$
$$G=\{e,\sigma,\sigma^2,\sigma^3,\tau,\sigma\tau,\sigma^2\tau,\sigma^3\tau\}$$

となって, G の真部分群は次の $N_1, N_2, N_3, H_1, H_2, H_3, H_4, H_5$ の 8 個である. そのうち, N_1, N_2, N_3, H_1 は G の正規部分群である.

$$N_1=\{e,\sigma,\sigma^2,\sigma^3\}$$
$$N_2=\{e,\sigma^2,\tau,\sigma^2\tau\}$$
$$N_3=\{e,\sigma^2,\sigma\tau,\sigma^3\tau\}$$

$$H_1=\{e,\sigma^2\}$$
$$H_2=\{e,\tau\},\quad H_3=\{e,\sigma\tau\}$$
$$H_4=\{e,\sigma^2\tau\},\quad H_5=\{e,\sigma^3\tau\}$$

そして, G の部分群と $\boldsymbol{Q}(\sqrt[4]{2},i)$ の部分体の対応は以下の図になる.

なお, 図の対応が合っているかどうかのチェックは易しくできるが, G の各部分群に対応する不変体の見付け方は気になるところである. これに関しては, $\boldsymbol{Q}(\sqrt[4]{2},i)$ を $\boldsymbol{Q}$ 上の線形空間と見たときの基底として

$$\{1,\sqrt[4]{2},\sqrt{2},\sqrt[4]{8},i,\sqrt[4]{2}i,\sqrt{2}i,\sqrt[4]{8}i\}$$

があるので，$\boldsymbol{Q}(\sqrt[4]{2}, i)$ の任意の元はそれらの1次結合として一意的に表すことができる．これを用いることによって，対応する不変体を見付けられるのである．ここでは，N_3 に対応する $\boldsymbol{Q}(\sqrt{2}i)$ が求まっているとして，H_3 に対応する不変体を求めてみよう．

$$\alpha = a + b\sqrt[4]{2} + c\sqrt{2} + d\sqrt[4]{8} + ei + f\sqrt[4]{2}i + g\sqrt{2}i + h\sqrt[4]{8}i$$
$$(a, b, c, d, e, f, g, h \in \boldsymbol{Q})$$

に対し $\sigma\tau(\alpha) = \alpha$ とすると，

$$a + b\sqrt[4]{2}i - c\sqrt{2} - d\sqrt[4]{8}i - ei + f\sqrt[4]{2} + g\sqrt{2}i - h\sqrt[4]{8} = \alpha$$

から

$$c = 0, b = f, d = -h, e = 0$$

を得る．そこで，

$$\begin{aligned}\alpha &= a + b\sqrt[4]{2} + d\sqrt[4]{8} + b\sqrt[4]{2}i + g\sqrt{2}i - d\sqrt[4]{8}i \\ &= a + g\sqrt{2}i + b\sqrt[4]{2}(1+i) - d(\sqrt{2}i)\sqrt[4]{2}(1+i)\end{aligned}$$

となるが，

$$(\sqrt[4]{2}(1+i))^2 \in \boldsymbol{Q}(\sqrt{2}i)$$

であって，α は $\boldsymbol{Q}((1+i)\sqrt[4]{2})$ の元となる．また，$\sigma\tau((1+i)\sqrt[4]{2}) = (1+i)\sqrt[4]{2}$ である．よって，H_3 に対応する不変体は $\boldsymbol{Q}((1+i)\sqrt[4]{2})$ となる．

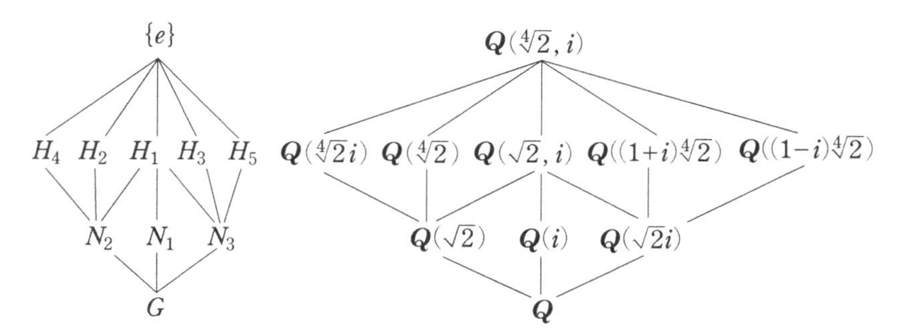

5.2 方程式の可解性と素数次方程式の例

前節で述べたように，大きな目標の一つである「ガロアの基本定理」に関しては，とくに付加的な条件を付けることもなく証明した．いよいよ本節では，（1変数）5次（以上の）方程式は一般に解けないことを示す定理および例を述べるが，多くの読者にとって興味をもつことは「どのような形をした方程式が解けないのか」ということではないだろうか．いわゆる3次方程式の一般的な「カルダノ（1501–1576）の解法」や4次方程式の一般的な「フェラリ（1522–1565）の解法」については，多くの書籍で取り上げていることもあって，既に学ばれた読者も少なくないと考える．

そこで本書では本節以降，解くことのできない具体的な方程式の紹介にも重きを置くようにしたい．そして，扱う体は有理数体 $\boldsymbol{Q}$ を含むものとして，多項式の最小分解体は複素数体 $\boldsymbol{C}$ の中で考えるものとする．以上の方針のもとで，方程式の可解性について論議を積み重ねていこう．

まず，$\boldsymbol{Q}$ を含む体 K 上の多項式

$$f(x)=a_0x^n+a_1x^{n-1}+a_2x^{n-2}+\cdots+a_{n-1}x+a_n \quad (a_i\in K)$$

の根 α が（K 上で）根号表示されるとは，K の元と根号 $\sqrt[r]{\ }$ と四則演算によって α が表せるときにいう．そして $\boldsymbol{Q}$ 上の多項式 $f(x)$ のすべての根が（$\boldsymbol{Q}$ 上で）根号表示されるとき，$f(x)$ は代数的に解けるという．（$\boldsymbol{Q}$ の代わりに $\boldsymbol{Q}(a_0, a_1, a_2, \cdots, a_n)$ 上で考える立場もある．）なお一般に $\sqrt[r]{a}$ $(a\in K)$ は，中等教育から学ばれてきたように多項式 x^r-a の1つの根を表しているとする．

根号表示されることの意味を別の形で述べてみよう．$\boldsymbol{Q}$ を含む体 K の有限次拡大体 $L(\subseteq \boldsymbol{C})$ とその中間体の列

$$K=L_0\subsetneq L_1\subsetneq L_2\subsetneq\cdots\subsetneq L_s=L$$

があって，各 $i=0, 1, \cdots, s-1$ に対し

$$L_{i+1}=L_i(\sqrt[n_i]{a_i})\ (a_i \in L_i)$$

となるとき，L は体 K のべき根による拡大体であるという．そして α が L の元であるとき，α は（K 上で）根号表示されるという．

本節で目標とする定理を先に述べよう．

定理 5.2.1　$f(x)$ を $\boldsymbol{Q}$ 上の多項式とするとき，

$$f(x) \text{ が代数的に解ける} \Leftrightarrow \mathrm{Gal}_Q(f) \text{ は可解群}$$

この定理の証明は本節の最後に述べる定理 5.2.10 によって終るが，$\mathrm{Gal}_Q(f)$ が非可解群（可解群でない群）となる 5 次以上の既約多項式の具体例を先に紹介し，その説明に必要な定理をいくつか証明することから始めよう．その方が，気持ちがより前向きになると考えた次第である．

定理 5.2.1 を認めれば，代数的に解くことのできない方程式の具体的な例をつくるためには，$\mathrm{Gal}_Q(f)$ が非可解群となる $f(x) \in \boldsymbol{Q}[x]$ を見付ければよい．そこで参考にしたいことは，$n \geq 5$ のとき n 次交代群 A_n や n 次対称群 S_n は非可解であることである（定理 2.4.1，定理 2.8.2，定理 2.8.3 を参照）．そして本書では，定理 5.2.1 の証明より前に次の例を先に説明しよう．この例を参考にすれば，各自いろいろ解くことのできない方程式を作ることもできるだろう．

例 5.2.1　p を 5 以上の素数とするとき，

$$f(x)=(x^2+p)(x-2p)(x-4p)(x-6p)\cdots(x-2(p-2)p)+p$$

とおくと，$f(x)$ は p 次多項式で，$\mathrm{Gal}_Q(f)=S_p$（p 次対称群）となる．よって，方程式 $f(x)=0$ は代数的に解くことができない．

上の例を説明するために，以下の 2 つの定理を用いるので，それらを先に証明しよう．

定理 5.2.2 $f(x)=x^n+a_1x^{n-1}+a_2x^{n-2}+\cdots+a_{n-1}x+a_n$ を $\boldsymbol{Q}$ 上の既約多項式，Ω を $f(x)=0$ の根全体の集合とし，$f(x)$ はちょうど $n-2$ 個の実根をもつとする．このとき，（Ω 上の置換群）$\mathrm{Gal}_Q(f)$ は互換をもつ．

証明 はじめに，すべての複素数 ω をその共役複素数 $\bar{\omega}$ に対応させる写像 σ は，$\boldsymbol{C}$ の（体としての）自己同型写像であることを注意する．実際，任意の複素数 u, v に対し，

$$\overline{u+v}=\bar{u}+\bar{v},\quad \overline{uv}=\bar{u}\cdot\bar{v}$$

であり，σ は $\boldsymbol{C}$ 上の置換である．

いま，n 次式 $f(x)$ の根が $n-2$ 個の実根をもつことは，$f(x)$ は 2 つの虚根 $\alpha, \beta\ (\alpha\neq\beta)$ をもつことを意味している．$f(x)$ の（$\boldsymbol{Q}$ 上の）最小分解体を $L(\subseteq\boldsymbol{C})$ とすると，

$$\sigma(f(x))=f(x),\quad L=\boldsymbol{Q}(\Omega),\quad \sigma(\Omega)=\Omega,\quad \sigma|_L\in\mathrm{Gal}_Q(f)$$

であって，σ は $\Omega-\{\alpha, \beta\}$ 上の恒等写像である．そこで σ を Ω に制限したものは $(\alpha\ \ \beta)$ と一致する．

（証明終り）

定理 5.2.3 p を奇素数とし，G は

$$\Omega=\{1, 2, 3, \cdots, p\}$$

上の置換群で，その元として

$$\text{互換}\ (\alpha\ \ \beta),\quad \text{巡回置換}\ \sigma=(1, 2, 3, \cdots, p-1, p)$$

をもつとする（α, β は Ω の相異なる元）．このとき，G は Ω 上の対称群 S_p となる．

証明 互換 $(\alpha\ \ \beta)$ と σ に対し，$\sigma^n(\alpha)=\beta$ となる自然数 $n(1\leq n\leq p-1)$ がある．そこで $\tau=\sigma^n$ とおくと，$|\tau|$ は素数 $p\,(=|\sigma|)$ の約数ゆえ，τ も長さ p の巡回置換となる．

いま，α を 1，$\tau(\alpha)=\beta$ を 2，$\tau^2(\alpha)$ を 3，$\tau^3(\alpha)$ を 4, …, $\tau^{p-1}(\alpha)=p$ というように Ω の各元の名称を変更すると，G は Ω 上の置換群で，

$$(1\ \ 2)\in G,\quad \tau=(1,2,3,\cdots,p)\in G$$

である．したがって，$\tau(1\ \ 2)\tau^{-1}$，$\tau^2(1\ \ 2)\tau^{-2}$，…を考えると，

$$(1\ \ 2),(2\ \ 3),\cdots,(p-1\ \ p)\in G$$

となる．そして，あみだくじを思い出しても，G は Ω 上のすべての互換を元としてもつことになる．実際，たとえば $(2\ \ 6)$ については，

$$(2\ \ 6)=(2\ \ 3)(3\ \ 4)(4\ \ 5)(5\ \ 6)(4\ \ 5)(3\ \ 4)(2\ \ 3)$$

である（下図および定理 1.2.2 の証明後半を参照）．

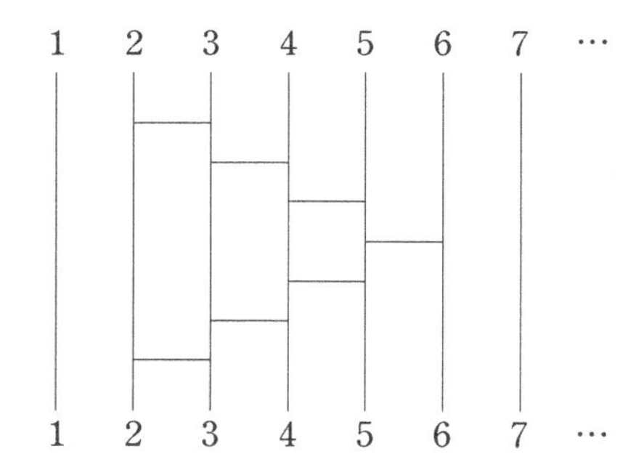

以上から，G は Ω 上の対称群 S_p となる．

（証明終り）

例 5.2.1 の説明　いま，

$$h(x)=(x^2+p)(x-2p)(x-4p)(x-6p)\cdots(x-2(p-2)p)$$

とおくと，

$$f(x)=h(x)+p$$

で，$h(x)$ は p 次の整数係数の多項式で，方程式 $h(x)=0$ の実根は

$$2p, 4p, 6p, \cdots, 2(p-2)p$$

の $p-2$ 個である．$y=f(x)$ と $y=h(x)$ の xy 座標平面上のグラフを考えると（$x=3p, 5p, 7p, \cdots, 2p^2-5p$ のときの $f(x), h(x)$ の値をチェック），方程式 $f(x)=0$ はちょうど $p-2$ 個の実根をもつことが分かる．一方 $f(x)$ の形から，アイゼンシュタインの定理（定理 3.3.4）より $f(x)$ は既約多項式であることも分かる．（$f(x)$ は $\boldsymbol{Z}$ 上既約で，後述の定理 5.2.5 より $\boldsymbol{Q}$ 上でも既約となる．）

以上から，$f(x)$ の根全体の集合を Ω とすると，$|\Omega|=p$ で，$G=\mathrm{Gal}_Q(f)$ は Ω 上の可移置換群と見なすことができ（定理 5.1.5 を参照），さらに互換を元としてもつ（定理 5.2.2 を参照）．そこで定理 2.2.2 より $|G|$ は p の倍数となり，シローの定理（定理 2.7.1）から G は位数 p の元 σ をもつことになる．σ は明らかに長さ p の巡回置換なので，定理 5.2.3 より $\mathrm{Gal}_Q(f)$ は p 次対称群 S_p となる．

（説明終り）

代数的に解くことのできない方程式の例示はここで一まず終って，目標とする定理 5.2.1 の証明に向かうことにしよう．

自然数 n に対し，

$$\zeta=\cos\frac{2\pi}{n}+i\sin\frac{2\pi}{n} \quad (i=\sqrt{-1})$$

$$U_n=\langle\zeta\rangle=\{\zeta^i \mid i=0,1,2,\cdots,n-1\}$$

とおくと，U_n は 1 の n 乗根全体で，U_n は積に関して位数 n の巡回群である．この生成元全体の集合は明らかに，

$$\{\zeta^i \mid 1\leq i\leq n,\ (i,n)=1\}$$

である．U_n の生成元を 1 の原始 n 乗根という．

$\boldsymbol{Q}$ を含む体 K の拡大体 $L=K(U_n)$ は多項式 x^n-1 の K 上の最小分解体なので，L は K 上ガロア拡大である．$K(U_n)$ を K 上の n 位の円分体といい，K と $K(U_n)$ の中間体を一般に K 上の円分体という．ここで述べた記法の

もとで次の定理が成り立つ.

定理 5.2.4 体 $L=K(U_n)$ は K のアーベル拡大である．また，K と L の任意の中間体 M も，K のアーベル拡大となる.

証明 ζ を1の原始 n 乗根とすると，$L=K(\zeta)$ である．いま，$\mathrm{Aut}_K(L)$ の任意の元 σ, τ をとると，

$$\sigma(\zeta)=\zeta^u, \quad \tau(\zeta)=\zeta^v$$

となる $u, v\,(1\leq u<n, 1\leq v<n, (u, n)=1, (v, n)=1)$ があり，これらによって σ と τ は $\mathrm{Aut}_K(L)$ の元として一意的に決定する．そして，

$$\sigma\tau(\zeta)=\sigma(\zeta^v)=(\sigma(\zeta))^v=(\zeta^u)^v=(\zeta^v)^u=(\tau(\zeta))^u=\tau(\zeta^u)=\tau\sigma(\zeta)$$

となるので，σ と τ は可換である.

後半は，定理 5.1.4 の (イ) による.

(証明終り)

ところで，自然数全体の集合 $\boldsymbol{N}$ に対してオイラーの関数 φ を次のように定める (定理 2.5.5 と同じ).

$$\varphi(n)=\begin{cases}1 & (n=1)\\ 1, 2, \cdots, n-1 \text{ のうちで } n \text{ と互いに素なものの個数} & (n\geq 2)\end{cases}$$

そこで各自然数 n に対し，1の原始 n 乗根の個数は $\varphi(n)$ である．また，例 1.4.5 の (5) で導入した可換環 $\boldsymbol{Z}_m$ について，その正則元全体の集合を $U(\boldsymbol{Z}_m)$ で表すことにすれば，$U(\boldsymbol{Z}_m)$ は位数が $\varphi(m)$ の可換群である.

$n\geq 2$ のとき，定理 5.2.4 の証明は，$\mathrm{Aut}_{\boldsymbol{Q}}(\boldsymbol{Q}(U_n))$ から $U(\boldsymbol{Z}_n)$ の中への同型写像の存在も意味していることに注意する.

次に，1の原始 n 乗根 ζ に対し，

$$\Phi_n(x)=\prod_{\substack{1\leq r\leq n\\ (r,n)=1}}(x-\zeta^r)$$

を円の n 分多項式，あるいは単に円分多項式という．これは，1のすべて

の原始 n 乗根を根とする $\varphi(n)$ 次多項式であり，もちろん ζ のとり方にはよらない．

$\Phi_n(x)$ についての定理に入る前に，そこで用いる多項式に関する性質を述べよう．（定理 5.2.5 はもっと一般的に述べることもできるが，本書ではそれを必要としない．）

整数係数の d 次多項式

$$f(x)=a_d x^d + a_{d-1}x^{d-1}+\cdots+a_1 x+a_0$$

について，$a_0, a_1, \cdots, a_d$ の最大公約数が 1 のとき，$f(x)$ は原始多項式であるという．

定理 5.2.5

（i）2 つの原始多項式の積は原始多項式である．

（ii）多項式 $f(x)\in \boldsymbol{Z}[x]$ が $\boldsymbol{Q}[x]$ の多項式として，

$$f(x)=g(x)\cdot h(x) \quad (g(x), h(x)\in \boldsymbol{Q}[x])$$

と分解すれば，$\boldsymbol{Z}[x]$ の多項式 $g_1(x), h_1(x)$ と $\boldsymbol{Q}$ の元 c_1, c_2 によって，

$$f(x)=g_1(x)\cdot h_1(x),$$
$$g_1(x)=c_1 g(x), \quad h_1(x)=c_2 h(x)$$

と表すことができる．

証明

（i）$f(x)=\sum_{i=0}^{s} a_i x^i$，$g(x)=\sum_{j=0}^{t} b_j x^j$

をともに原始多項式とし，p を任意にとった素数とする．$a_i(i=0, 1, \cdots, s)$ のうち p で割り切れないもので i が最大のものを a_u，$b_j(j=0, 1, \cdots, t)$ のうち p で割り切れないもので j が最大のものを b_v とする．このとき，$f(x)g(x)$（を整理した式）の x^{u+v} の係数は，

$$a_u b_v + p \text{ の倍数}$$

と表されるので，$f(x)g(x)$ のある係数は p で割り切れない．そして，p は任意にとった素数なので，$f(x)g(x)$ は原始多項式となる．

(ii) まず，$g(x)$ と $h(x)$ それぞれについて係数の共通分母などを考えれば，

$$g(x)=\frac{b}{a}g_0(x),\quad h(x)=\frac{d}{c}h_0(x)$$
$$a,b,c,d\in \boldsymbol{Z},\quad a>0, c>0, (a,b)=1, (c,d)=1$$
$$g_0(x)\text{と}h_0(x)\text{は原始多項式}$$

となる $a, b, c, d,\ g_0(x), h_0(x)$ をとることができる．そして，

$$\frac{b}{a}\cdot\frac{d}{c}=\frac{v}{u}\quad (u,v\in \boldsymbol{Z}, u>0, (u,v)=1)$$

とすれば，

$$uf(x)=vg_0(x)h_0(x)\in \boldsymbol{Z}[x]$$

を得る．上式において，左辺はすべての係数が u の倍数の整数係数多項式で，(i) より右辺は原始多項式 $g_0(x)h_0(x)$ のすべての係数に v を掛けた多項式である．いま $(u,v)=1$ であるから，$u=1$ でなければならない．

以上から，(ii) の結論が導かれたことになる．

(証明終り)

次に p を素数とするとき，任意の整数 a を，$\boldsymbol{Z}_p=\boldsymbol{Z}/p\boldsymbol{Z}$ における a を含む剰余類 $\overline{a}$ に対応させる写像 ψ を考える．そして，$\boldsymbol{Z}[x]$ の任意の元

$$f(x)=a_0x^n+a_1x^{n-1}+\cdots+a_{n-1}x+a_n$$

に対し，

$$\psi(f(x))=\overline{a_0}x^n+\overline{a_1}x^{n-1}+\cdots+\overline{a_{n-1}}x+\overline{a_n}$$

と定める．このとき，明らかに ψ は $\boldsymbol{Z}[x]$ から $\boldsymbol{Z}_p[x]$ の上への環準同型写像となる．これを用いた論議は，多項式の既約性などを論じるときなど，幅広く応用される．

定理 5.2.6　1の原始n乗根ζに対する$\varphi(n)$次の円分多項式$\Phi_n(x)$について，以下が成り立つ．

（i）$x^n-1=\prod_{d|n}\Phi_d(x)$

（ii）$\Phi_n(x)$ はモニックかつ $\Phi_n(x)\in\boldsymbol{Z}[x]$

（iii）$\Phi_n(x)$ は $\boldsymbol{Q}[x]$ の既約多項式

証明

（i）1の任意のn乗根ηをとると，ηはnのちょうど1つの約数dについて，1の原始d乗根となる．また円分多項式の定義より，nの約数dとd'が異なるとき，$\Phi_d(x)$ と $\Phi_{d'}(x)$ の根はすべて1のn乗根で，かつ$\Phi_d(x)$と$\Phi_{d'}(x)$ の根で共有するものはない．そして(i)の結論とする式の両辺の最高次係数はどちらも1なので，その式の成立が分かる．

（ii）nに関する数学的帰納法で証明する．$n=1$のとき，

$$\Phi_1(x)=x-1\in\boldsymbol{Z}[x]$$

なので成り立つ．

$n-1$まで成り立つとする．このとき，(i)より

$$x^n-1=\Phi_n(x)f(x),\quad f(x)=\prod_{\substack{d|n\\ d<n}}\Phi_d(x)$$

とおくと，数学的帰納法の仮定により

$$f(x)\text{ はモニックかつ }f(x)\in\boldsymbol{Z}[x]$$

が成り立つ．そこで多項式$x^n-1\in\boldsymbol{Z}[x]$をモニックな多項式$f(x)\in\boldsymbol{Z}[x]$で割ることを考えると，その結果としての$\Phi_n(x)$も，

$$\Phi_n(x)\text{ はモニックかつ }\Phi_n(x)\in\boldsymbol{Z}[x]$$

であることが分かる．

（iii）$f(x)=\mathrm{Irr}\,(\zeta,\boldsymbol{Q})$

とおくと，$\Phi_n(\zeta)=0$，$\Phi_n(x)\in\boldsymbol{Z}[x]$ であるから，

$$\Phi_n(x) = f(x)g(x)$$

となるモニックな $g(x) \in \boldsymbol{Q}[x]$ がある．そこで定理5.2.5の (ii) により，有理数 c_1, c_2 があって，

$$c_1 f(x), \quad c_2 g(x) \in \boldsymbol{Z}[x]$$
$$\Phi_n(x) = (c_1 f(x)) \cdot (c_2 g(x))$$

となる．上式左辺の x^n の係数は1であるから，

$$c_1 = c_2 = 1 \quad \text{または} \quad c_1 = c_2 = -1$$

が成り立つことになる．よって $c_1 = 1$ としてよく，$f(x) \in \boldsymbol{Z}[x]$ を得る．

以後，$f(x) = \Phi_n(x)$ が成り立つことを目指して証明するが，それが成り立たないとして背理法を用いることにする．$\zeta, \zeta^2, \cdots, \zeta^{n-1}, \zeta^n = 1$ のうち，$\Phi_n(x)$ の根であって $f(x)$ の根でないものがあるので，その最初のものを ζ^s とすると，$s > 1$ かつ $(s, n) = 1$ である．

いま p を s の素数約数とすると，s のとり方から $\zeta^{\frac{s}{p}}$ は $f(x)$ の根で，ζ^p や ζ^s は $\Phi_n(x)$ の根なので，$(p, n) = 1$ である．そこで

$$h(x) = \mathrm{Irr}(\zeta^s, \boldsymbol{Q})$$

とおくと，$h(x)$ は $\Phi_n(x)$ の約元で，$f(x)$ に対する上の議論と同様にして，$h(x)$ はモニックで $h(x) \in \boldsymbol{Z}[x]$ も分かる．

さて，$h(x)$ も $f(x)$ もそれぞれ最小多項式で，

$$h(\zeta^s) = 0, \quad f(\zeta^s) \neq 0$$

であるから，それらは異なる．したがって，$f(x)h(x)$ は $\Phi_n(x)$ の約元，それゆえ $f(x)h(x)$ は $x^n - 1$ の約元となる．そして，

$$h_1(x) = h(x^p)$$

とおくと，

$$h_1\left(\zeta^{\frac{s}{p}}\right)=h(\zeta^s)=0$$

となるので，仮定より$\zeta^{\frac{s}{p}}$は$f(x)$の根ゆえ，$f(x)$は$h_1(x)$の約元である．

ここから，本定理の前に導入した$\boldsymbol{Z}[x]$から$\boldsymbol{Z}_p[x]$の上への準同型写像ψを用いる．

$$\psi(f(x))=\overline{f}(x),\quad \psi(h(x))=\overline{h}(x),\quad \psi(h_1(x))=\overline{h_1}(x)$$

とおくことにすれば，$\boldsymbol{Z}_p[x]$において，$\overline{f}(x)\overline{h}(x)$は$x^n-\overline{1}$の約元で，$\overline{f}(x)$は$\overline{h}_1(x)$の約元である．

いま，$\boldsymbol{Z}_p-\{\overline{0}\}$は積に関して巡回群であるから，$\boldsymbol{Z}_p$のすべての元$\overline{a}$に対して

$$(\overline{a})^p=\overline{a}$$

が成り立つ．そこで，定理4.1.3の考え方を用いて，

$$\overline{h_1}(x)=\overline{h}(x^p)=(\overline{h}(x))^p$$

を得る．実際，

$$h(x)=x^m+b_1x^{m-1}+b_2x^{m-2}+\cdots+b_{m-1}x+b_m$$

とすると$(b_i\in\boldsymbol{Z})$，

$$\begin{aligned}\overline{h_1}(x)=\overline{h}(x^p)&=x^{pm}+\overline{b_1}x^{p(m-1)}+\overline{b_2}x^{p(m-2)}+\cdots+\overline{b_{m-1}}x^p+\overline{b_m}\\&=x^{pm}+\overline{b_1}^px^{p(m-1)}+\overline{b_2}^px^{p(m-2)}+\cdots+\overline{b_{m-1}}^px^p+\overline{b_m}^p\\&=(x^m+\overline{b_1}x^{m-1}+\overline{b_2}x^{m-2}+\cdots+\overline{b_{m-1}}x+\overline{b_m})^p\\&=(\overline{h}(x))^p\end{aligned}$$

である．

以上から，$\overline{f}(x)$は$\overline{h}_1(x)=(\overline{h}(x))^p$の約元となるので，$\overline{f}(x)$と$\overline{h}(x)$は1次以上の共通の既約多項式$\overline{q}(x)$を約元としてもつ（定理3.4.5および例3.4.1を参照）．したがって，$(\overline{q}(x))^2$は$\overline{f}(x)\overline{h}(x)$の約元となるので，

$(\bar{q}(x))^2$ は $x^n-\bar{1}$ の約元となる．そこで $x^n-\bar{1}$ は $\boldsymbol{Z}_p$ の適当な拡大体で重根をもつことになる．ところが $(p, n)=1$ なので，

$$\frac{d}{dx}(x^n-\bar{1})=nx^{n-1}\neq 0$$

であり，定理 4.4.1 の (ii) から矛盾を得る．

(証明終り)

次の定理は定理 5.2.6 から直ちに得られるものであり，定理 5.2.4 の後で指摘した「$\mathrm{Aut}_Q(\boldsymbol{Q}(U_n))$ から $U(\boldsymbol{Z}_n)$ の中への同型写像の存在性」を「$\mathrm{Aut}_Q(\boldsymbol{Q}(U_n))$ から $U(\boldsymbol{Z}_n)$ の上への同型写像の存在性」に高めたものであることに注目していただきたい．なお記法は，定理 5.2.4 とその後で定めたものをそのまま用いることにする．

定理 5.2.7 ζ を 1 の原始 n 乗根とするとき $(n\geq 2)$，

$$[\boldsymbol{Q}(\zeta):\boldsymbol{Q}]=\varphi(n), \quad \mathrm{Aut}_Q(\boldsymbol{Q}(\zeta))\cong U(\boldsymbol{Z}_n)$$

が成り立つ．

証明 定理 5.2.6 より $\Phi_n(x)=\mathrm{Irr}(\zeta, \boldsymbol{Q})$ となるので，

$$[\boldsymbol{Q}(\zeta):\boldsymbol{Q}]=\deg\Phi_n(x)=\varphi(n)$$

となる．また，$\boldsymbol{Q}(\zeta)$ は $\boldsymbol{Q}$ のガロア拡大なので，定理 5.1.3 より，

$$|\mathrm{Aut}_Q(\boldsymbol{Q}(\zeta))|=\varphi(n)=|U(\boldsymbol{Z}_n)|$$

となる．それゆえ，$\mathrm{Aut}_Q(\boldsymbol{Q}(\zeta))$ から $U(\boldsymbol{Z}_n)$ の中への同型写像は，実は上への同型写像となる．

(証明終り)

定理 5.2.8 体 K は $\boldsymbol{Q}$ および 1 の原始 n 乗根 ζ を含むものとする．このとき (i) と (ii) が成り立つ．

(i) K の元 a に対し $L=K(\sqrt[n]{a})$ とすれば，

$$d \mid n,\quad (\sqrt[n]{a})^d \in K$$

となる d があって，L は K の d 次巡回拡大体となる．

（ii）L が K の n 次巡回拡大体ならば，$L=K(\sqrt[n]{a})$ となる $a\in K$ がある．

証明

（i）$\alpha=\sqrt[n]{a}$ とおくと，

$$x^n-a=\prod_{i=0}^{n-1}(x-\alpha\zeta^i)$$

であるから，L は K 上ガロア拡大である．$G=\mathrm{Aut}_K(L)$ の任意の元 σ に対し，

$$\sigma(\alpha)=\alpha\zeta^{i(\alpha)}$$

となる $i(\sigma)\in\{0, 1, 2, \cdots, n-1\}$ が定まる．これによって，G から位数 n の巡回群 $\langle\zeta\rangle=\{\zeta^j \mid j=0, 1, 2, \cdots, n-1\}$ の部分集合 $S=\{\zeta^{i(\sigma)} \mid \sigma\in G\}$ への写像 ψ が定まる．そして，S は $\langle\zeta\rangle$ の部分群で，ψ は G から S の上への同型写像となる．

なぜならば，ψ の単射性は明らか．また $G\ni\sigma, \tau$ に対し，

$$\sigma\tau(\alpha)=\sigma(\alpha\zeta^{i(\tau)})=\sigma(\alpha)\sigma(\zeta^{i(\tau)})=\sigma(\alpha)\zeta^{i(\tau)}=\alpha\zeta^{i(\sigma)}\zeta^{i(\tau)}=\alpha\zeta^{i(\sigma)+i(\tau)}$$

であるから，

$$\psi(\sigma\tau)=\zeta^{i(\sigma)+i(\tau)}=\psi(\sigma)\cdot\psi(\tau)$$

を得る．したがって，G は位数 n の巡回群 $\langle\zeta\rangle$ の部分巡回群と同型で（定理 2.1.3 参照），$|G|=d$ とおくと $d \mid n$ である．そして $G=\langle\eta\rangle$ とおくと，

$$|\eta|=d,\quad (\zeta^{i(\eta)})^d=\zeta^{d\cdot i(\eta)}=1$$

であるから，

$$\eta(\alpha^d)=(\eta(\alpha))^d=(\alpha\zeta^{i(\eta)})^d=\alpha^d(\zeta^{i(\eta)})^d=\alpha^d$$

となって，$\alpha^d\in K$ を得る．

（ii）α を L の任意の元，σ をガロア群 $\mathrm{Aut}_K(L)$ の生成元とするとき，形式的に L の元

$$\theta=\sum_{i=0}^{n-1}\zeta^i(\sigma^i(\alpha)) \qquad \cdots\cdots①$$

をとると，

$$\zeta\cdot\sigma(\theta)=\theta,\quad \text{すなわち}\ \zeta^{-1}\cdot\theta=\sigma(\theta)$$

が成り立つ．ここで先に $\theta\neq0$ を仮定して，$a=\theta^n$ とおくと，この a によって $L=K(\sqrt[n]{a})$ が成り立つことを示す．そして後半で，$\theta\neq0$ となるように α を定められることを示す．

$\theta\neq0$ のとき，

$$\sigma(a)=\sigma(\theta^n)=(\sigma(\theta))^n=(\zeta^{-1}\theta)^n=\theta^n=a$$

が成り立つので $a\in K$ となり，さらに

$$\theta,\sigma(\theta)=\zeta^{-1}\theta,\sigma^2(\theta)=\zeta^{-2}\theta,\cdots,\sigma^{n-1}(\theta)=\zeta^{1-n}\theta$$

は互いに異なる L の元となる．それゆえ，

$$\mathrm{Irr}(\theta,K)=x^n-a=(x-\theta)(x-\zeta^{-1}\theta)(x-\zeta^{-2}\theta)\cdots(x-\zeta^{1-n}\theta)$$

が導かれて，

$$[K(\theta):K]=n,\quad K(\theta)=L$$

を得るので，$\theta\neq0$ のとき結論の成立を意味する．

ここから（ii）の証明の後半に入るが，①で $\theta\neq0$ となる α の存在を示すために，

$$(\alpha_0,\alpha_1,\cdots,\alpha_{n-1})\neq(0,0,\cdots,0)\quad(\alpha_i\in L)$$

のとき

$$\sum_{i=0}^{n-1}\alpha_i(\sigma^i(\alpha))\neq 0 \qquad \cdots\cdots ②$$

を満たす $\alpha\in L$ の存在性を示せばよい．もっともこれに関しては，ガロア理論を現代的に分かり易く構成し直したアルティンが，群の指標の立場からより一般化した定理を述べている．以下，②を満たす $\alpha\in L$ の存在を背理法で示そう．

$$(\alpha_0,\alpha_1,\cdots,\alpha_{n-1})\neq(0,0,\cdots,0) \quad (\alpha_i\in L)$$

であって，

$$\sum_{i=0}^{n-1}\alpha_i(\sigma^i(\alpha))=0 \qquad \cdots\cdots ③$$

がすべての $\alpha\in L$ について成り立つ場合があるとする．そして，すべての $\alpha\in L$ について③を満たす $(\alpha_0, \alpha_1, \cdots, \alpha_{n-1})$ のうち，$\alpha_i\neq 0$ となる α_i の個数が最小となるものを 1 つ定めて，その個数を r とする．ここで，明らかに $r\geq 2$ であることに留意する．そこで，

$$\alpha_u\neq 0,\quad \alpha_v\neq 0 \quad (0\leq u<v\leq n-1)$$

となる u と v をとると，$\sigma^u\neq\sigma^v$ であるから

$$\sigma^u(\beta)\neq\sigma^v(\beta)$$

となる $\beta\in L$ が存在する．L の元 $\beta\alpha$ についても③は成り立つので，

$$\sum_{i=0}^{n-1}\alpha_i\sigma^i(\beta)(\sigma^i(\alpha))=0 \qquad \cdots\cdots ④$$

がすべての $\alpha\in L$ について成り立つ．一方，③の両辺に $\sigma^u(\beta)$ を掛けると，

$$\sum_{i=0}^{n-1}\alpha_i\sigma^u(\beta)(\sigma^i(\alpha))=0 \qquad \cdots\cdots ⑤$$

もすべての $\alpha\in L$ について成り立つ．そこで④から⑤の辺々を引くと，

$$\sum_{i=0}^{n-1} \alpha_i(\sigma^i(\beta)-\sigma^u(\beta))(\sigma^i(\alpha))=0 \qquad \cdots\cdots⑥$$

もすべての $\alpha \in L$ について成り立つ．ところが⑥式の左辺で $i=u$ と $i=v$ の項に注目すると，それぞれ順に

$$\alpha_u(\sigma^u(\beta)-\sigma^u(\beta))(\sigma^u(\alpha)),\quad \alpha_v(\sigma^v(\beta)-\sigma^u(\beta))(\sigma^v(\alpha))$$

となる．そして

$$\alpha_u(\sigma^u(\beta)-\sigma^u(\beta))=0,\quad \alpha_v(\sigma^v(\beta)-\sigma^u(\beta))\neq 0$$

に注目すると，⑥は r の最小性に反して矛盾であることを意味している．

（証明終り）

定理 5.2.9 n を自然数とし，$\boldsymbol{Q}$ を含む体 K に

$$\Gamma_n=\{\zeta \mid \zeta^m=1, m\in \boldsymbol{N}, m\leq n\}$$

を付け加えた体 $K(\Gamma_n)$ を K_n とすると，K_n はべき根による K の拡大体である．

証明 各 $K_n(n\geq 3)$ がべき根による K_{n-1} の拡大体であることを示せばよい．まず，定理 5.2.4 より K_n は K_{n-1} のアーベル拡大である．そして 1 の原始 n 乗根を ζ_n とすると，

$$\deg \mathrm{Irr}(\zeta_n, K_{n-1})<\deg(x^n-1)=n,\quad K_n=K_{n-1}(\zeta_n)$$

なので，

$$[K_n:K_{n-1}]<n$$

を得る．$G=\mathrm{Aut}_{K_{n-1}}(K_n)$ とおくと G は有限可換群なので，

$$G=G_0 \supsetneqq G_1 \supsetneqq \cdots \supsetneqq G_{r-1} \supsetneqq G_r=\{e\}$$

G_i/G_{i+1} は素数位数 m_i の巡回群 $(i=0,1,\cdots,r-1)$

となるように $G_0, G_1, \cdots, G_r$ をとることができる（定理 2.8.4 の証明を参照）．

そしてガロアの基本定理における G_i に対応する中間体を M_i(M_i は G_i の不変体）とおくと（$i=0, 1, \cdots, r$),

$$M_r = K_n, \quad M_0 = K_{n-1} \supseteq \{\zeta \mid \zeta^m = 1, m \leq n-1\}$$
$$M_{i+1} \text{ は } M_i \text{ の } m_i \text{ 次巡回拡大}, \quad m_i < n$$

が成り立つ．よって各 $i=0, 1, \cdots, r-1$ に対し，M_i は 1 の m_i 乗根をすべて含むので，定理 5.2.8 の（ii）より

$$M_{i+1} = M_i(\sqrt[m_i]{a_i})$$

となる $a_i \in M_i$ がある（$i=0, 1, \cdots, r-1$）．以上から，K_n はべき根による K_{n-1} の拡大体となる．

（証明終り）

本節の最後として，定理 5.2.1 の証明のために次の定理を証明する．

定理 5.2.10 $\boldsymbol{Q}$ を含む体 K の有限次ガロア拡大体 L について，次の（ア）と（イ）は同値である．

（ア）L はべき根による K の拡大体 E に含まれる．

（イ）$\mathrm{Aut}_K(F)$ が（有限）可解群となる L を含む K のガロア拡大体 F が存在する．

この定理を認めると，定理 5.2.1 の成立は易しく分かる．

定理 5.2.1 の証明 なぜならば，定理 5.2.1 における $\boldsymbol{Q}$ と $f(x)$ の最小分解体を，それぞれ本定理における K と L に対応させる．そして定理 5.2.1 の（⇐）は，本定理の（イ）⇒（ア）を用いればよい．

また定理 5.2.1 の（⇒）は，（イ）で示している $\mathrm{Aut}_K(F)$ の可解性から，

$$\mathrm{Aut}_K(L) \cong \mathrm{Aut}_K(F)/\mathrm{Aut}_L(F)$$

に留意して（定理 5.1.4 参照），定理 2.8.2 を用いればよい．

（証明終り）

定理 5.2.10 の証明　(ア) ⇒ (イ) について．まず，E は K 上ガロア拡大であるかどうかは分からないことに注意する．そこで，$\sigma_1, \sigma_2, \cdots, \sigma_m$ を E から C の中への K-同型全体として（定理 4.6.4 参照），$\sigma_1(E), \sigma_2(E), \cdots, \sigma_m(E)$ の和集合 S で生成された体，すなわち S を含む最小の体を M とする．そこで，S の元と K 上共役な元はすべて M に含まれるので，M は K 上ガロア拡大となる．

また，$\sigma_1(E), \sigma_2(E), \cdots, \sigma_m(E)$ のどの体も体 K のべき根による K の拡大体なので，M 自身もべき根による K の拡大体である．よって，次のような体の列がある．

$$K = M_0 \subsetneq M_1 \subsetneq \cdots \subsetneq M_r = M,$$
$$M_{i+1} = M_i(\sqrt[n_i]{a_i}),\quad \alpha_i \in M_i,\quad (i = 0, 1, \cdots, r-1)$$

ここで，本節で述べてきた定理を使うために

$$n = \prod_{i=0}^{r-1} n_i,\quad \zeta : 1 \text{の原始} n \text{乗根}$$

とおいて，体 $N = K(\zeta)$ を考えると，定理 5.2.4 より N は K 上アーベル拡大（ガロア拡大）である．

また，M は K 上ガロア拡大であるから，N と M の合成体を $F = NM$ で表すことにすれば，F も K 上ガロア拡大である．同様な記法 $F_i = NM_i (i = 0, 1, \cdots, r)$ を用いることにすると，

$$K \subseteq N = F_0 \subseteq F_1 \subseteq \cdots \subseteq F_r = F$$
$$F_{i+1} = NM_i(\sqrt[n_i]{\alpha_i}) = F_i(\sqrt[n_i]{\alpha_i}) \qquad \cdots\cdots ①$$

を得る．いま，n の約数である n_i に対して

$$1 \text{の原始} n \text{乗根} \ \zeta \in K(\zeta) = N \subseteq F_i$$

となるから，定理 5.2.8 の (i) より F_{i+1} は F_i 上巡回拡大となる $(i = 0, 1, \cdots, r-1)$．そこで，①の体の列に対応するガロア群の列を考えてみよう．すなわち，

$$G=\mathrm{Aut}_K(F),\quad G_i=G^{F_i}\ (G\text{ における }F_i\text{ の不変群})$$

とおくと $(i=0, 1, \cdots, r)$，定理 5.1.4 より次の②の群列については以下のことが分かる．

$$G\supseteq G_0\supseteq G_1\supseteq\cdots\supseteq G_r=\{e\} \qquad \cdots\cdots②$$

$$G/G_0\cong\mathrm{Aut}_K(N)\ (\text{アーベル群})$$

$$G_i/G_{i+1}\cong\mathrm{Aut}_{F_i}(F_{i+1})\ (\text{巡回群})\ (i=0,1,\cdots,r-1)$$

以上から，定理 2.8.3 より $G=\mathrm{Aut}_K(F)$ は可解群となる．

（イ）⇒（ア）について．仮定から L は K のガロア拡大で，

$$\mathrm{Aut}_K(L)\cong\mathrm{Aut}_K(F)/\mathrm{Aut}_L(F)$$

であるから（定理 5.1.4 参照），$G=\mathrm{Aut}_K(L)$ は可解群である（定理 2.8.2 参照）．いま，

$$|G|=n,\quad \Gamma_n=\{\zeta\,|\,\zeta^m=1, m\in N, m\leq n\},\quad K_0=K(\Gamma_n)$$

とおくと，定理 5.2.9 より K_0 はべき根による K の拡大体である．また

$$M=L(\Gamma_n)$$

とおくと，M は K 上のガロア拡大である（前半の（ア）⇒（イ）で述べた M に対する考え方を参照）．ここで，$\mathrm{Aut}_{K_0}(M)$ の任意の元 σ を L に制限した写像 $\sigma|_L$ を考えると，L は K 上ガロア拡大であるから，$\sigma|_L$ は $\mathrm{Aut}_K(L)$ の元となる．そして，$\sigma|_L$ は $L\cap K_0$ の元をすべて固定することに注意すると，$\sigma|_L$ は $\mathrm{Aut}_{L\cap K_0}(L)$ の元となる．この対応によって，$\mathrm{Aut}_{K_0}(M)$ から $\mathrm{Aut}_{L\cap K_0}(L)$ への写像 φ が定められる．

明らかに，φ は群 $\mathrm{Aut}_{K_0}(M)$ から $\mathrm{Aut}_{L\cap K_0}(L)$ への準同型写像である．また $\mathrm{Aut}_{K_0}(M)$ の任意の元 σ は，Γ_n の元をすべて固定しているので，L の元の像で決定される．それゆえ，σ と τ が相異なる $\mathrm{Aut}_{K_0}(M)$ の元ならば $\sigma|_L$ と $\tau|_L$ も異なるので，φ は単射である．

さらに，φ は全射である．なぜならば，

$$H=\varphi(\mathrm{Aut}_{K_0}(M))$$

とおいてHの不変体L^Hを考えると，これは$\mathrm{Aut}_{K_0}(M)$のすべての元で固定されるLの元全体である．ガロアの基本定理の対応より，$\mathrm{Aut}_{K_0}(M)$のすべての元で固定されるMの元全体はK_0なので，結局，L^Hは$L\cap K_0$と一致することになる．したがって，再びガロアの基本定理の対応より

$$H=\mathrm{Aut}_{L\cap K_0}(L)$$

となるので，φは全射となる．以上から，群としての同型

$$\mathrm{Aut}_{K_0}(M)\cong \mathrm{Aut}_{L\cap K_0}(L)$$

を得る．

さて，$\mathrm{Aut}_K(L)$は可解群であるから，その部分群である$\mathrm{Aut}_{L\cap K_0}(L)$も可解群である．よって$J=\mathrm{Aut}_{K_0}(M)$は，位数が$n$の約数の可解群となる．それゆえ，次のような$J$の部分群の列がある$(i=0, 1, \cdots, r-1)$．

$$J=J_0\supsetneqq J_1\supsetneqq\cdots\supsetneqq J_r=\{e\}$$

J_{i+1}はJ_iの正規部分群，$|J_i/J_{i+1}|=p_i$（nの素因数）　$(i=0, 1, \cdots, r-1)$

J_iのMにおける不変体をF_iとすると$(i=0, 1, \cdots, r)$，MとKの中間体の列

$$K\subseteq K_0=F_0\subseteq F_1\subseteq F_2\subseteq\cdots\subseteq F_r=M$$

を得て，F_{i+1}はF_iのp_i次巡回拡大体となる$(i=0, 1, \cdots, r-1)$．ここで，1の原始p_i乗根はF_iの元であるので，定理5.2.8の(ii)より

$$F_{i+1}=F_i(\sqrt[p_i]{a_i})$$

となる$a_i\in F_i$がある$(i=0, 1, \cdots, r-1)$．

最後に，K_0はべき根によるKの拡大体であったので，本定理の証明は完成する．

（証明終り）

 5.3 ガロア群が $GL(3, 2)$ となる多項式の決定方法

今までに学んできたガロアの基本定理（定理 5.1.4），$\boldsymbol{Q}$ 上の多項式が代数的に解けるためにはそのガロア群が可解群であることが必要十分条件であることを示した定理（定理 5.2.1），および 5 以上の任意の素数 p に対しガロア群が p 次対称群となる多項式の例示（例 5.2.1）により，本書の山は完全に越えたことになる．

以上で示した内容は 1 章から始まって，すべて一歩ずつ証明を積み重ねてきたものである．本節では，

$$f(x)=x^7-154x+99$$

の $\boldsymbol{Q}$ 上のガロア群が $GL(3, 2)$（体 $\boldsymbol{Z}_2$ 上の 3 次線形群）という群となることを確かめた，[3] の主要部を（若干の変更を加えて）説明し，多項式のガロア群を計算機による因数分解で決定する一つの方法を紹介する．なお，その論文では $GL(3, 2)$ の代わりに $PSL(2, 7)$ を記述しているが，それらは同じ群であることを指摘しておく．また，本節で扱う内容については，いくつかの結果を仮定する部分があることをお許しいただきたい．

まず，抽象的な群を置換群として見る方法はいくつもあることを注意する．たとえば，$\Omega=\{1, 2, 3\}$ 上の 3 次対称群 $G=S_3$ のすべての元を

$$g_1=e\,(\text{単位元}),\quad g_2=(1\ \ 2\ \ 3),\quad g_3=(1\ \ 3\ \ 2)$$
$$g_4=(1\ \ 2),\quad g_5=(1\ \ 3),\quad g_6=(3\ \ 2)$$
$$\Gamma=\{g_1, g_2, g_3, g_4, g_5, g_6\}$$

とおくとき，G の各元 g に対し

$$\bar{g}(g_i)=gg_i \quad (i=1, 2, \cdots, 6)$$

と定めることにより，$\bar{G}=\{\bar{g} \mid g\in G\}$ は Γ 上の置換群となり，$\bar{G}$ は群として G と同型である．G は 3 文字から成る Ω 上の置換群であるが，6 文字から成る Γ 上の置換群という見方もある一例である．

本節の主要な群である $GL(3, 2)$ は，いくつかの特徴をもっている群で

ある．構造的には単純群であるが，位数 2 の射影平面の自己同型群という顔もある．

位数 2 の射影平面とは，

点の集合 $\Omega=\{1,2,3,4,5,6,7\}$
直線の集合 $L=\{l_1,l_2,l_3,l_4,l_5,l_6,l_7\}$
$l_1=\{1,2,3\}$，　$l_2=\{3,4,5\}$，　$l_3=\{5,6,1\}$，　$l_4=\{2,4,6\}$，
$l_5=\{1,7,4\}$，　$l_6=\{2,7,5\}$，　$l_7=\{3,7,6\}$

から成る有限幾何である（l_4 も“直線”という）．それは下図のように図示することができ，以後 (Ω,L) で表すことにする．

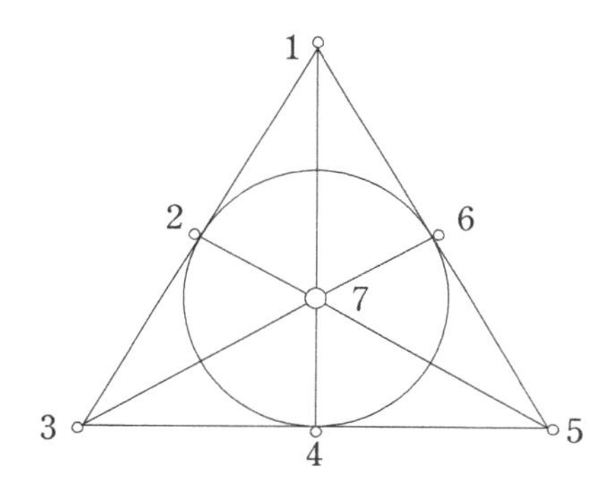

(Ω,L) の自己同型群とは集合

$\{\varphi\mid\varphi$ は Ω 上の置換であり，L 上の置換を引き起こす（直線は直線に移す）$\}$

に写像の合成の演算を入れたものである．しばらくの間，この自己同型群を G で表して，$|G|=168$ となることを示そう．図を参考にすると，

$$G\ni(1\ 3\ 5)(2\ 4\ 6),(2\ 6)(3\ 5),(2\ 3)(5\ 6),(2\ 5)(3\ 6),$$
$$(2\ 4\ 6)(3\ 7\ 5)$$

が分かる．したがって，G は Ω 上の可移置換群である．また

$$H = G_1 \quad (G \text{ における } 1 \text{ の固定部分群}), \quad \Gamma = \{2, 3, 4, 5, 6, 7\}$$

とおくと，H は Γ 上の可移置換群と見なせる．そして H は，

$$S = \{e, (2 \;\; 6)(3 \;\; 5), (2 \;\; 3)(5 \;\; 6), (2 \;\; 5)(3 \;\; 6)\}$$

という $\{2, 3, 5, 6\}$ 上の位数 4 の置換群を H_7 の部分群としてもつ．さらに，H_7 は l_5 のすべての点 1，7，4 を固定するものとなり，H_7 が S の元以外の $\{2, 3, 5, 6\}$ 上の置換を元としてもつならば，それは「直線を直線に移す」という性質に反するものであることが分かる．よって $|H_7| = 4$ となるので，定理 2.2.2 を用いて以下のことが分かる．

$$|G| = |G(1)| \cdot |H| = 7 \cdot |H|$$
$$|H| = |H(7)| \cdot |H_7| = 6 \cdot |H_7|$$
$$|G| = 7 \cdot 6 \cdot 4 = 168$$

一方本節では，$GL(3, 2)$ は以下のように定める 7 文字上の置換群である．

$$GL(3, 2) = \{\boldsymbol{Z}_2 \text{ 上の } 3 \text{ 次正則行例全体}\}$$

とおくと，これは行列の積に関して群である．そして $GL(3, 2)$ は

$$(\boldsymbol{Z}_2)^3 = \left\{ \begin{pmatrix} \alpha \\ \beta \\ \gamma \end{pmatrix} \middle| \; \alpha, \beta, \gamma \in \boldsymbol{Z}_2 \right\}$$

から $(\boldsymbol{Z}_2)^3$ 上への線形写像全体と見なせるので，

$$|GL(3, 2)| = (2^3 - 1)(2^3 - 2)(2^3 - 4) = 168$$

を得る．そして $GL(3, 2)$ は，$\boldsymbol{Z}_2$ 上の 3 次元ベクトルの集合

$$\Omega' = (\boldsymbol{Z}_2)^3 - \left\{ \begin{pmatrix} 0 \\ 0 \\ 0 \end{pmatrix} \right\}$$
$$= \left\{ \boldsymbol{V}_1 = \begin{pmatrix} 1 \\ 0 \\ 0 \end{pmatrix}, \boldsymbol{V}_2 = \begin{pmatrix} 1 \\ 1 \\ 0 \end{pmatrix}, \boldsymbol{V}_3 = \begin{pmatrix} 0 \\ 1 \\ 0 \end{pmatrix}, \boldsymbol{V}_4 = \begin{pmatrix} 0 \\ 1 \\ 1 \end{pmatrix}, \boldsymbol{V}_5 = \begin{pmatrix} 0 \\ 0 \\ 1 \end{pmatrix}, \boldsymbol{V}_6 = \begin{pmatrix} 1 \\ 0 \\ 1 \end{pmatrix}, \boldsymbol{V}_7 = \begin{pmatrix} 1 \\ 1 \\ 1 \end{pmatrix} \right\}$$

上の置換群と見なすことができる．ここで，$GL(3,2)$ の任意の元 A に対し，A は各 $\boldsymbol{V}_i$ を $A\boldsymbol{V}_i$ に対応させる置換と見なすのである．そして Ω' を，下図のように示してみよう．

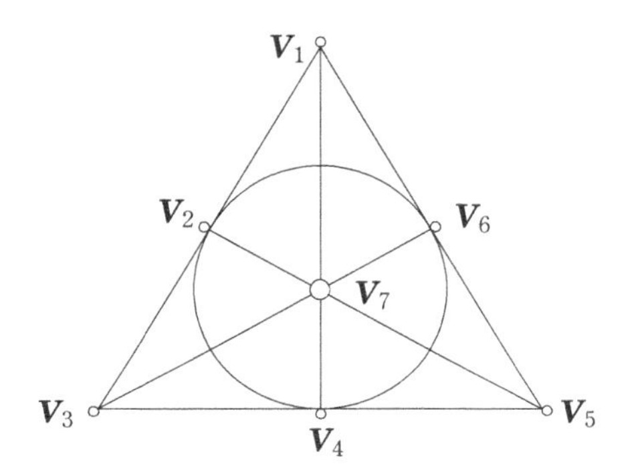

上図において，

$$L' = \left\{ \begin{array}{l} \{\boldsymbol{V}_1, \boldsymbol{V}_2, \boldsymbol{V}_3\}, \{\boldsymbol{V}_3, \boldsymbol{V}_4, \boldsymbol{V}_5\}, \{\boldsymbol{V}_5, \boldsymbol{V}_6, \boldsymbol{V}_1\}, \{\boldsymbol{V}_2, \boldsymbol{V}_4, \boldsymbol{V}_6\}, \\ \{\boldsymbol{V}_1, \boldsymbol{V}_7, \boldsymbol{V}_4\}, \{\boldsymbol{V}_2, \boldsymbol{V}_7, \boldsymbol{V}_5\}, \{\boldsymbol{V}_3, \boldsymbol{V}_7, \boldsymbol{V}_6\} \end{array} \right\}$$

とおくと，

$$L' = \{W - \{\boldsymbol{o}\} \mid W \text{ は } (\boldsymbol{Z}_2)^3 \text{ の 2 次元部分空間}\}$$

となることが分かる（$\boldsymbol{o}$ は零ベクトル）．したがって，$GL(3,2)$ は Ω' 上の置換群で，L' 上の置換を引き起こしている．

この段階に至ると気付かれるだろうが，$GL(3,2)$ は位数 2 の射影平面 (Ω', L') の自己同型群の部分群となる．ところが前に示したことから (Ω', L') の自己同型群の位数は 168 であり，これは $GL(3,2)$ の位数と一致する．それゆえ，$GL(3,2)$ は (Ω', L') の自己同型群である．

ところで，素数次数の置換群は原始置換群と呼ばれる可移置換群の一種で，古くから原始置換群のリストは計算機を用いて調べられてきた．少し古いものであるが，[9] は大変便利なものである．7 次の原始置換群は手で書いても分類できるが，ここでは原始置換群の定義とその結果を述べよう．

一般に有限集合Σ上の可移置換群Tが，次のようなΣの部分集合Δ_1, $\Delta_2, \cdots, \Delta_t$をもたないとき，$T$を$\Sigma$上の原始置換群という．

$1<|\Delta_1|=|\Delta_2|=\cdots=|\Delta_t|<|\Sigma|$

$\Sigma=\Delta_1\cup\Delta_2\cup\cdots\cup\Delta_t$ （直和）

Tの任意の元hに対し，

$\{h(\Delta_1), h(\Delta_2), \cdots, h(\Delta_t)\}=\{\Delta_1, \Delta_2 \cdots, \Delta_t\}$

を満たす．すなわち，各$j=1, 2, \cdots, t$に対し，$h(\Delta_j)=\Delta_k$となるkがjに対し定まる．

上の定義において各$|\Delta_j|$は$|\Sigma|$の約数になるので，素数次数の可移置換群は原始置換群である．そして[9]の表により，7次原始置換群は以下の7個である．

位数7の群，位数14の群，位数21の群，位数42の群，位数168の群（上で示した$GL(3,2)$），7次交代数A_7，7次対称群S_7.

ちなみに，その表から作用域を$\{1, 2, 3, 4, 5, 6, 7\}$とすると，位数7, 14, 21, 42の群は作用域の2つの元を固定するものは単位元しかなく，また位数168の群（上で示した$GL(3, 2)$）は次の2つの元から生成される群と置換同型である（7次交代群A_7の部分群）．

$(1, 2, 3, 4, 5, 6, 7)$，$(2\ \ 3)(4\ \ 7)$

さて例3.3.2により，

$$f(x)=x^7-154x+99$$

は既約である．よって$\Omega=\{\alpha_1, \alpha_2, \alpha_3, \alpha_4, \alpha_5, \alpha_6, \alpha_7\}$を$f(x)$の根全体の集合とすると，$\mathrm{Gal}_Q(f)$は$\Omega$上の原始置換群となり，上で列挙した7つの置換群のどれかになる．以後，これが$GL(3, 2)$と一致することを示す．

まず$f(x)$はちょうど3つの実根をもつので，複素共役を考えると，$\mathrm{Gal}_Q(f)$は$(\alpha\ \ \beta)(\gamma\ \ \delta)$という元をもつことが分かる（$\alpha, \beta, \gamma, \delta$は$\Omega$の相異なる元）．したがって，$\mathrm{Gal}_Q(f)$は$GL(3, 2)$か$A_7$, S_7に絞られる．

ところで，線形代数学の本にも説明がある多項式の判別式から（たとえば [8] を参照），$f(x)$ の判別式 $D(f)$ は計算できる．もし，その結果が整数の2乗という形になれば，根の差積 $\prod_{i<j}(\alpha_i-\alpha_j)$ は整数になるので，$\mathrm{Gal}_Q(f)$ は Ω 上の交代群 A_7 に含まれることになる．実際，[3] に示されているように，

$$D(f)=3^6\cdot 7^8\cdot 11^6\cdot 113^2$$

となる．したがって，$\mathrm{Gal}_Q(f)$ は $GL(3,2)$ か A_7 となる．

ここからが本節でとくに面白いところであるが，$f(x)$ に対して

$$\Phi_3(x)=\prod_{1\leq i_1<i_2<i_3\leq 7}(x-(\alpha_{i_1}+\alpha_{i_2}+\alpha_{i_3}))$$

という35次（${}_7C_3=35$）の方程式を考える．明らかに $\Phi_3(x)$ の各係数は，$\alpha_1, \alpha_2, \alpha_3, \alpha_4, \alpha_5, \alpha_6, \alpha_7$ の対称式であり，対称式は基本対称式の整式として表せる（たとえば [7] を参照）．実際，[3] に示されているように，

$$x^7+ax+b$$

という一般的な多項式に対しては

$$\begin{aligned}\Phi_3(x)=&x^{35}+40ax^{29}+302bx^{28}-1614a^2x^{23}+2706abx^{22}+3828b^2x^{21}\\&-5072a^3x^{17}+2778a^2bx^{16}-18084ab^2x^{15}+36250b^3x^{14}-5147a^4x^{11}\\&-1354a^3bx^{10}-21192a^2b^2x^9-26326ab^3x^8-7309b^4x^7-1728a^5x^5\\&-1728a^4bx^4+720a^3b^2x^3+928a^2b^3x^2-64ab^4x-128b^5\end{aligned}$$

となり，とくに

$$f(x)=x^7-154x+99$$

に対しては

$$\begin{aligned}\Phi_3(x)=&x^{35}-6160x^{29}+29898x^{28}-38277624x^{23}-41255676x^{22}\\&+37518228x^{21}+18524283008x^{17}+6522421752x^{16}\\&+27295157736x^{15}+35173338750x^{14}-2894923232432x^{11}\\&+489571380144x^{10}-4925879415072x^{9}+3933790086996x^{8}\\&-702099623709x^{7}+149674336745472x^{5}-96219216479232x^{4}\\&-25773004414080x^{3}+21354775085952x^{2}+946763427456x\\&-1217267263872\end{aligned}$$

となる．また後者の $f(x)$ に対する $\Phi_3(x)$ は，

$$g(x)=x^7-231x^3-462x^2+77x+66$$

を約元としてもつ．ここで例 3.3.2 により，$g(x)$ も既約であることに留意する．

もし，$\mathrm{Gal}_Q(f)$ が A_7 ならば，A_7 は

$$\Omega^{(3)}=\{\{\alpha,\beta,\gamma\}\mid\alpha,\beta,\gamma\text{ は }\Omega\text{ の相違なる3つの元}\}$$

上可移に作用するから，$f(x)$ に対する $\Phi_3(x)$ の根の集合上，$\mathrm{Gal}_Q(f)$ は可移に作用する．そこで，もし $\Phi_3(x)$ の根がすべて異なるならば，$\Phi_3(x)$ は既約元 $g(x)$ をもつことより，$\mathrm{Gal}_Q(f)$ が A_7 ではないことになって，説明は終了する．一方で，$\Phi_3(x)$ の根に重根があるとして，さらに $\mathrm{Gal}_Q(f)$ が A_7 であるとすると，$g(x)$ の既約性から

$$\Phi_3(x)=\{g(x)\}^5$$

でなくてはならないことが分かる．ところが 66^5 を計算しても分かるように，上式は成り立たない．よって，$\mathrm{Gal}_Q(f)$ は $GL(3,2)$ となる．

(説明終り)

参考文献

[1] アーベル，ガロア：『群と代数方程式』，守屋美賀雄訳・解説，共立出版，1975

[2] E. Artin：『Galois Theory』, Dover Publications, 1998 (Orig. publ. 1942)

[3] Erbach, Fischer, McKay : Polynomials with PSL(2,7) as Galois group, J. Number Theory 11, (69–75), 1979

[4] 原田耕一郎：『群の発見』，岩波書店，2001

[5] 永尾汎：『代数学』，朝倉書店，1983

[6] 永田雅宜：『可換体論』，裳華房（新版），1985

[7] 齋藤正彦：『線型代数入門』，東京大学出版会，1966

[8] 佐武一郎：『線型代数学』，裳華房（新装版），2015

[9] C. Sims：『Computational methods in the study of permutation groups』, Pergamon Press, (169–184), 1970

[10] 芳沢光雄：『置換群から学ぶ組合せ構造』，日本評論社，2004

[11] 芳沢光雄：『群論入門』，講談社ブルーバックス，2015

索 引

数字・英字

あ行

か行

さ行

た行

な行

は行

ま行

や・ら・わ行

著者紹介

芳沢光雄(よしざわみつお)　理学博士

1953年東京生まれ．東京理科大学理学部教授（理学研究科教授）を経て，現在，桜美林大学リベラルアーツ学群教授（同志社大学理工学部講師を兼務）．専門は数学・数学教育．『新体系・高校数学の教科書（上・下）』，『新体系・中学数学の教科書（上・下）』，『群論入門』，『出題者心理から見た入試数学』（ともに講談社ブルーバックス），『数学的思考法』，『算数・数学が得意になる本』（ともに講談社現代新書），『算数が好きになる本』（児童書　講談社），『置換群から学ぶ組合せ構造』（日本評論社）など著書多数．

NDC 411　　187 p　　21 cm

今度(こんど)こそわかるシリーズ

今度(こんど)こそわかるガロア理論(りろん)

2018年4月24日　第1刷発行
2018年6月28日　第3刷発行

著　者　芳沢光雄(よしざわみつお)

発行者　渡瀬昌彦

発行所　株式会社　講談社
〒112-8001　東京都文京区音羽2-12-21
販売　(03) 5395-4415
業務　(03) 5395-3615

編　集　株式会社　講談社サイエンティフィク
代表　矢吹俊吉
〒162-0825　東京都新宿区神楽坂2-14　ノービィビル
編集　(03) 3235-3701

本文データ制作　株式会社　双文社印刷

カバー・表紙印刷　豊国印刷　株式会社

本文印刷・製本　株式会社　講談社

落丁本・乱丁本は，購入書店名を明記のうえ，講談社業務宛にお送りください．送料小社負担にてお取り替えします．なお，この本の内容についてのお問い合わせは講談社サイエンティフィク宛にお願いいたします．定価はカバーに表示してあります．

Printed in Japan
ISBN 978-4-06-156602-6